JN022702

21世紀最強の
職業

Web系
エンジニアに
なろう

AI/DX時代を生き抜くための
キャリアガイドブック

勝又健太

実業之日本社

はじめに

ITが社会基盤として完全に定着したこと、IT知識がビジネスパーソンの必須教養になったこと、および小中学校や高等学校でのプログラミング教育の必修化や副業解禁の流れ等により、プログラミング学習が空前のブームになっています。

そのブームに乗ってITエンジニアという職業の人気も非常に高まっていますが、その中でも「需要」「将来性」「単価」「働き方の自由度の高さ」等により最も注目されているのが、GoogleやAmazon、メルカリやクックパッドのような「Web系企業」で働く「Web系エンジニア」です。

学生の方だけでなく、ジョブチェンジを検討している多くの社会人の方もWeb系エンジニアを目指してプログラミングを学習されていると思いますが、そもそも「Web系企業とはなにか」「Web系エンジニアにはどういう職種があり、どういった仕事をして、どういった技術を使っているのか」といった重要な情報が、体系的にまとめられている書籍は今まで存在しませんでした。

そういったニーズにお応えするために企画されたのが本書です。Web業界の概要やWeb系企業の定義、SIer(エスアイヤー)系企業とWeb系企業の違い、Web制作とWeb開発の違い、Web系エンジニアの各職種における具体的な仕事内容、Web系エンジニアになる方法、フリーランスエンジニアになる方法、必要とされるスキルやキャリア戦略を、できる限り現場の実態に即した形で包括的に解説しています。

Web系エンジニアを目指しているプログラミング初学者の方や、Web系エンジニアとしてスキルアップしていきたい駆け出しエンジニアの方がご一読頂くことで、Web業界とWeb系エンジニアの全体像、および必要とされるスキルやキャリアの概観を把握できる内容になっています。

経済産業省の試算によると、2030年にIT人材は約79万人不足するとのことですが、そういった慢性的なIT人材不足に加えて、新型コロナウイルスによる社会環境の大きな変化により、「ビジネスのオンライン化」や「DX(デジタル・トランスフォーメーション)」の実現を担うハイスキルなエンジニアの需要が、今後も右肩上がりで増え続けることはほぼ確実な情勢です。

アメリカのオバマ元大統領が、国民に向けて「プログラミングを学ぼう」というメッセージをYouTubeで発信したのは2013年のことですが、あらゆるビジネスのIT化がアフターコロナ時代に向けて加速していく中で、プログラミングスキルやエンジニアリングスキルの価値、そして最先端のテクノロジーを使いこなせるWeb系エンジニアの重要性は、今後もさらに高まっていくでしょう。

読者の皆さんがWeb系エンジニアとしてキャリア形成をしていく上で、本書がその一助となれば幸いです。

なお、本書を執筆するにあたって、後藤梓さん(@azuhamu0720)、松本大介さん(@mattowork)、尾崎悠さん、エンジニア系YouTuberのKBOYさん(@kboy_silvergym)にレビュアーとしてご協力頂き、数多くの貴重なご指摘を頂きました。この場を借りてお礼を申し上げます。

目次

第1章 Web系企業とWeb系エンジニア

第2章 IT業界とWeb業界の全体像

第3章 Web系エンジニアの職種

第4章 Web系エンジニアが使う言語やテクノロジー

第5章 Web系エンジニアの働き方

第6章 Web系エンジニアになる方法

第8章 Web業界のトレンドと今後の展望

第1章

Web系企業とWeb系エンジニア

この章では、Web系企業やWeb系エンジニアの定義、Web系企業の特徴、Web系エンジニアの主な職種やワークスタイル等について説明します。

1-1 Web系エンジニアとはなにか

ITエンジニアが「IT企業で働くエンジニア」の総称であるように、Web系エンジニアとは「**Web系企業で働くエンジニア**」の総称です。

つまり、なにか特定のスキルや技術を持っている人をWeb系エンジニアと呼ぶのではなく、**Web系企業で働くエンジニアは全てWeb系エンジニア**であると考えてよいでしょう。

「Web系エンジニア＝ホームページや企業のWebサイトを作るエンジニア」という分類をする方もいますが、後述する「iOSエンジニア」や「Androidエンジニア」のように、スマホアプリの開発を専門にする職種もWeb系エンジニアの分類に含まれますので、「Web系エンジニア＝Webサイトを制作する人」という区別の仕方はあまり一般的ではありません。

「Web系エンジニア」ではなく「Webエンジニア」という呼称が使われる場合は、第2章で説明する「Web制作系企業で働くエンジニア」を指している場合もあります。こういった用語の使い方は人によってかなりばらつきがありますので注意しましょう。

1-2 Web系企業とはなにか

Web系企業の定義

これは筆者独自の定義になりますが、Web系企業とは、

- **インターネットを活用した**

- 発注元の存在しない
- スケールさせることを前提とした
- 要件や仕様の変化し続ける
- 自社サービス

を提供している企業のこと、と考えてよいでしょう。自社サービスを提供している企業であることを強調した「**Web系自社開発企業**」という呼称も一般的です。後述する「Web制作系企業」や「Web受託系企業」と区別するため、本書では以降この「Web系自社開発企業」という表記を使っていきます。

「スケール」はWeb業界でよく使われる用語ですが、要するにWebサービスやスマホアプリの「ユーザ数を増やす」「収益を増やす」「サービスやアプリを使用できる国や地域を増やす」といった意味になります。

「要件」とは、何らかのWebサービスやスマホアプリが「満たすべき条件」のことです。例えば「ボタンをクリックすると相手にメッセージが送信される」「正しいユーザIDとパスワードを入力しないとログインできないように制御する」等が「要件」です。「仕様」もほぼ同様な意味と考えてよいでしょう。

「発注元が存在しない」つまり「受託開発ではない」という点が、後述する「SIer（エスアイヤー）系企業」と「Web系自社開発企業」との大きな違いであり、この収益構造の差異が、SIer業界とWeb業界の技術やカルチャーの違いに繋がっています。

「Web系」という呼称は、日本でWebサイトの制作やWebサービスの開発が盛んになり始めた1990年代後半頃から使われるようになりましたが、Webサービスだけでなくスマホアプリ等の開発が増えてきた後も、昔の名残で「Web系」という用語がそのまま使われていると考えればよいでしょう。

「Web系」だけではなく「ネット系」や「インターネット系」という呼称も一部で使われていますが、基本的には同じ意味であると考えて差し支えありません。一般的には「Web系」の方が広く使われています。

代表的なWeb系自社開発企業

海外を含めたWeb系自社開発企業の代表は、なんといっても「GAFA（ガーファ）」つまり「Google」「Amazon」「Facebook」「Apple」ということになるでしょう。

日本の場合は、Yahoo Japan、サイバーエージェント、メルカリ、クックパッド等が代表的なWeb系自社開発企業になります。

図 世界と日本の代表的なWeb系自社開発企業

外資系企業	Google	Amazon	Facebook	Apple
日系企業	Yahoo Japan	サイバーエージェント	メルカリ	クックパッド

1-3 Web系自社開発企業の特徴

この節では、Web系自社開発企業の様々な特徴を紹介します。

モダンな最新テクノロジーが主流

ITの世界は「ドッグイヤー」と形容されるように、技術の進化、流行り廃りが非常に速いことはよく知られていますが、Web業界は特にその傾向が強く、最新テクノロジーを積極的に導入しようとする企業が多いという特徴があります。

これは、もちろん新しい技術の方が「開発効率」や「機能」や「性能」や「使い勝手」等の面で優れているケースが多いということもありますが、後述するようにWeb系自社開発企業では優秀なエンジニアの企業内での発言力が非常に強く、そして優秀なエンジニアほど新しい技術を使いたがる傾向があるため、採用や引き留めを考慮して、企業側が最新技術の導入を積極的におこなっているという側面もあります。

また、サーバで使用されるOSはほぼLinux（リナックス）であり、さらに商用のソフトウェアではなくOSS（オープンソースソフトウェア）が中心になっていることも特徴です。

LinuxはUNIX（ユニックス）というOSから派生したOSです。作者であるリーナス・トーバルズ氏は世界で最も有名なソフトウェアエンジニアの一人です。

OSSとは、ソースコードが公開されていてその修正や再配布等が可能なソフトウェアの総称です。この逆に、ソースコードの閲覧や再利用が制限されているソフトウェアを「プロプライエタリ・ソフトウェア」と言います。

開発用マシンはMacが主流

Web系エンジニアの大半は、開発用マシンにMacBookを使用しています。

デスクトップ型の開発用マシンは持ち運びが不便なのであまり使われていません。また、MacBookの中でも特にMacBook Proを使っているWeb系エンジニアが多いです。

正社員エンジニアの場合は、企業側が、入社前に希望したスペックの開発マシンを支給してくれるケースも珍しくありません。フリーランスエンジニアの場合は、自分で購入したMacBookを持ち込むことが比較的多いです。

Web業界で標準的に使われているOSであるLinuxと、MacのOS(macOS)のベースとなっているBSD系UNIX（ユニックス）が、少なくともコマンドやツールに関してはほぼ共通しており、LinuxのノウハウがそのままMacでも活用できるため、WindowsよりもMacBookを使用しているエンジニアが圧倒的に多いという状況です。

第6章でも説明しますが、こういった事情があるためWeb系エンジニアになりたい方はプログラミング学習の当初からMacBookを使用することを強くお薦めします。Web系エンジニア向けの技術情報の多くが開発環境がMacであることを前提としていますし、Web系エンジニアを目指して学習している方たちの多くもMacBookを使用しているので、環境を合わせておく方が賢明です。

外部ディスプレイが支給される

ノートパソコン1台で作業するスタイルのエンジニアもいますが、一般的には画面スペースが広い方が作業効率がよいため、多くのWeb系エンジニアは複数ディスプレイ環境を好みます（2つのディスプレイを使うことを「デュアルディスプレイ」、3つのディスプレイを使うことを「トリプルディスプレイ」と言います）。

そのため、優秀なエンジニアをリクルーティングする上では外部ディスプレイの支給は必須条件の一つとなっており、ほとんどのWeb系自社開発企業は最低でも1台の外部ディスプレイをエンジニアに支給しています。

筆者の場合は、企業で支給される一般的なフルHDのディスプレイよりもさらに高解像度な4Kの外部ディスプレイと外付けキーボードを現場に持ち込み、MacBookは閉じて「クラムシェルモード」で作業する場合が多いです。

複数の画面を行ったり来たりすると首が疲れるため、筆者は4Kのシングルディスプレイ環境が好みです。このあたりはエンジニアによって様々なスタイルがあります。

設計とプログラミングの両方ができるエンジニアの価値が高い

受託開発の場合は、要件や仕様が既に確定しているため、その通りに作って納品すれば確実に支払いを得ることが可能ですが、Web系自社開発企業は製品をユーザに購入してもらわなければ収益を得ることができないため、とにかく早くサービスやアプリをリリースしてユーザからのフィードバックを得て、「仮説 → 検証 → 改善」のサイクルを高速に回していくことが必要になります。

そのため、特にスタートアップ系の企業では「膨大な時間をかけて十分に検討された非の打ち所のない設計をおこなうこと」よりも「とにかく動くものを早く作ってリリースしてユーザのフィードバックを得ること」の方が重視される場合が多く、プログラミングのできるエンジニア、いわゆる「手を動かせるエンジニア」の価値が高いという特徴があります。

ただし、「動くものを早く作る」場合でも、設計を疎かにすると開発効率が悪化したり、不具合が多発したり、性能が出なかったりという問題が発生してビジネスチャンスを逃してしまうため、「時間のかけられない中でも十分によい設計」をする必要があり、こういった要求に応えられる「設計もできてプログラミングもできるエンジニア」の価値がWeb業界では非常に高くなっています。

エンジニアの立場が強い

Web系自社開発企業ではエンジニア以外にも様々な職種（営業やマーケティングや人事や総務など）の従業員が働いており、職種の間に上下関係は存在しませんが、「実際に手を動かしてWebサービスやアプリを作れるエンジニアが企業価値の根幹を支えている」こと、および近年の「極端なエンジニア人材不足」により、優秀なエンジニアの立場や発言力はWeb系自社開発企業内において非常に強くなっています。

新しい技術を使える機会が多いこと、ハイスペックな開発マシンや外部ディスプレイが支給されること、服装や髪型が自由なこと、リモートワークが比較的やりやすいこと等、優秀なWeb系エンジニアの働く環境が良好である理由は、主にこの「立場や発言力の強さ」によるものです。

ちなみに筆者が以前正社員として勤務していたメガベンチャーは、業績が悪化した際に社内で多数の希望退職者を募りましたが、エンジニア職だけは対象外でした。こういったことからも、Web系自社開発企業における優秀なエンジニアの重要度の高さがお分かり頂けるのではないかと思います。

アジャイル型の開発が主流

SIer系企業の開発スタイルは基本的に「ウォーターフォール型」であるのに対して、Web系自社開発企業では「アジャイル型」と呼ばれる、機能の開発からリリースまでのサイクルを短期間で繰り返していく開発スタイルが採用される場合が多いです。

ウォーターフォール型よりもアジャイル型の方が優れているということではありませんが、前述したようにWeb系自社開発企業のサービスは「とにかく早くリリースしてユーザからのフィードバックを得て機能の改善サイクルを高速に回していく」必要があるため、短いスパンで「設計 → 実装 → テスト → リリース → 検証」を繰り返すアジャイル型のスタイルが馴染みやすい、ということになります。

また、アジャイル型の中でも特に「Scrum（スクラム）」と呼ばれる開発スタイルを採用している企業が多いです。Scrumに関しては第8章で紹介します。

SIer系企業のウォーターフォール型の開発スタイルに関しては第2章で説明します。

年齢層が若い

Web業界自体が非常に歴史の浅い業界（日本でWeb開発が広まりはじめてからまだ20年程度）ということもありますが、Web系自社開発企業で働くエンジニアの年齢層は、SIer系企業と比較するとかなり若いという特徴があります。

SIer系企業では50代でも現場で働いているSEは珍しくありませんが、Web系自社開発企業で働く50代以上のエンジニア（特に正社員）は滅多に見かけませんので、少なくとも現時点のWeb業界は20代や30代の若い世代が中心となっています。

特にスタートアップ系の企業ほど若い人が多いという傾向があります。

基本的に自社オフィス内開発

下請けSIer系企業では客先常駐開発が多いのに対して、Web系自社開発企業は自社オフィス内開発が中心です。

もちろん自社よりも客先の方がオフィス環境が良好な場合もありますので、必ずしも自社オフィス勤務の方が優れているというわけではありませんが、多くのWeb系自社開発企業は優秀な人材のリクルーティングのためにオフィス環境の整備を重視しているので、いわゆる「タコ部屋」のような劣悪な環境で働かされるケースは滅多にありません。

狭い部屋に大量の労働者を押し込んで劣悪な環境下で働かせることを「タコ部屋労働」と言います。下請けSIerの客先常駐案件においては、「隣の人との距離が近く作業スペースが非常に狭い」「換気が悪い」「ネットワークが繋がりにくい」等、良好とは言い難いオフィス環境で働かされるケースも少なくありません。

フレックス勤務を採用している企業が多い

勤務時間が常駐先のルールによって定められる場合が多い下請けSIer系企業と異なり、コアタイムを定めて勤務の開始、終了時間は自分で自由に決定できるフレックス勤務制度を採用している企業が多いのもWeb業界の特徴です。裁量労働制を取り入れている企業も多いです。

情報発信に積極的

顧客との契約等により積極的に情報を発信できないSIer系企業とは異なり、Web系自社開発企業は情報発信に積極的です。

情報発信により業界内でのプレゼンスが高まると、優秀なエンジニアの獲得競争でも有利になるため、各社とも技術系の情報発信は非常に重視しており、「エンジニアブログ」と呼ばれる、その企業に所属するエンジニアが持ち回りで執筆する技術系ブログを自社で運用しているWeb系自社開発企業は多いです。

毎年12月1日～12月25日までおこなわれる、エンジニアが毎日何らかのテーマについて技術記事を書いて次の人にバトンを繋いでいく「アドベントカレンダー」というカウントダウン企画も恒例となっています。

Web系自社開発企業のエンジニアブログやアドベントカレンダーがどういうものか気になる方は「メルカリ エンジニアブログ」「メルカリ アドベントカレンダー」等で検索してみるとよいでしょう。

エンジニア同士の企業を横断した繋がりが強い

Web業界においては、企業または有志の主催で何らかの技術テーマに関する勉強会がほぼ毎日のように多数開催されています。

また、例えばRubyという言語が好きな人や、あるいはAWSというクラウドが好きな人たちが集まって「技術コミュニティ」を形成しており、こういった勉強会やコミュニティを通じてエンジニア同士の横の繋がりが非常に強いのが特徴です。

これらの横の繋がりは、転職活動やフリーランスエンジニアの案件獲得の際に非常に有効に作用します。

日本では東京に一極集中している

地方在住の方にとってはやや残念な特徴ではありますが、Web系自社開発企業の多くは東京に一極集中しており、東京以外の都市や地方においてはその数が極端に少なくなります。

もちろん大阪や福岡等にもWeb系自社開発企業やその支社はありますが、Web系エンジニアとしてキャリアを開始したい場合は、東京に居住する方が圧倒的に有利というのが実情です。

1-4 Web系エンジニアの主な職種

Web系エンジニアには様々な職種が存在しますが、この節ではその代表的な職種について紹介します。各職種の詳細やその他の職種は第3章で改めて説明します。

バックエンドエンジニア

最も人数の多い職種です。巻末の付録で説明している「Webサーバ」上で動作するプログラムを作ることが主な業務になります。プログラミング言語としては、Web業界ではRuby（ルビー）やPHP（ピーエイチピー）といった言語が選択されることが多いですが、サービスによってはPython（パイソン）やGo（ゴー）やNode.js（ノードジェイエス）などの言語が使われています。

Web業界で使用されている主なプログラミング言語に関しては第4章で紹介します。

ユーザからは直接目に見えない、背後にあるプログラムを作る仕事なので「バックエンドエンジニア」という職種名が付いています。「サーバサイドエンジニア」という呼称もありますが、最近は「バックエンドエンジニア」という呼び方の方が広く使われています。

🌐インフラエンジニア(クラウドエンジニア)

バックエンドエンジニアが使用するサーバやデータベースやネットワーク等（これらを「インフラ」と言います）を構築＆管理することが主な業務になります。AWSやGCP等のクラウドを専門にするインフラエンジニアは「クラウドエンジニア」と呼ばれることもあります。

プログラムを書く機会は比較的少なく、開発知識よりもサーバやデータベースやネットワークに関する深い理解が必要になります。

以前は自社設備やデータセンター等で物理的にサーバを構築していましたが、最近はクラウド上でインフラの構築と管理をおこなう方式が主流になっており、特にWeb系自社開発企業ではクラウドが一般的なため、本書では「インフラエンジニア＝クラウドエンジニア」という前提で説明していきます。

🌐フロントエンドエンジニア

ブラウザ上で動作するプログラムを作ることが主な業務になります。プログラミング言語としては基本的にJavaScript（ジャバスクリプト）もしくはTypeScript（タイプスクリプト）を使います。その他HTMLやCSS等の知識も必要になります。

ユーザが直接目にするビジュアルな部分を作る仕事であること、デザイン要素があること、および比較的とっつきやすい分野ということもあり、プログラミング初学者の方や若手エンジニアの方に非常に人気のある職種です。

インフラ、バックエンド、フロントエンドの全ての領域を担当できるエンジニアを「フルスタックエンジニア」と呼ぶこともあります。企業内での正式な職種名として用いられることはありませんが、人数の少ないスタートアップ企業等では一人のエンジニアが複数の仕事を掛け持ちすることも多いため、そういった企業ではフルスタックエンジニアは重宝されます。

iOSエンジニア

iPhoneやiPad等の、Apple製品上で動作するプログラムを作ることが主な業務になります。「iOS（アイオーエス）」というOS上で動作するアプリを作る仕事なので「iOSエンジニア」と呼ばれます。

開発用のプログラミング言語としては現在はSwift（スウィフト）が主流ですが、かつて使用されていたObjective-C（オブジェクティブシー）で開発されているiOSアプリもまだ存在しています。

バックエンドエンジニアやフロントエンドエンジニアと比較すると人数はやや少なめです。

iPadのOSは厳密には「iPadOS」ですが、それも含めて「iOSエンジニア」という呼称で統一することが一般的です。

Androidエンジニア

Android端末で動作するプログラムを作ることが主な業務になります。

プログラミング言語としては現在のWeb業界ではKotlin（コトリン）が主流ですが、古いプログラムの保守改修作業においてはJava（ジャバ）を使うこともあります。

日本のWeb系エンジニアの中では最も人材不足感の強い職種です。「Androidエンジニアが足りない。雇えない」という悩みを持っているWeb系自社開発企業は多いです。

1-5 Web系エンジニアのワークスタイル

この節では、Web系エンジニアのワークスタイルについて紹介します。

雇用形態

最も多いのは正社員ですが、ここ数年の極端なエンジニア人材不足に伴い、正社員採用にこだわりすぎると優秀なエンジニアに参画してもらうことが非常に難しくなっているため、フリーランスエンジニアと契約する企業が増えています。

フリーランスエンジニアの場合、「フリーランスエージェント」と呼ばれる人材エージェント企業の仲介、もしくは企業側との直接の業務委託契約により参画するという方式が一般的です。

フリーランスエンジニアのメリットやデメリットに関しては第6章で解説します。

その他、契約社員や派遣社員という形でWeb系企業に勤務しているエンジニアもいます。

勤務場所

勤務場所は自社オフィスが一般的です。

リモートワークを採用しているWeb系自社開発企業も増えていますが、一般的には近い距離で働いていた方がコミュニケーションコストが低くなり生産性が高くなる場合が多いため、常時全員がリモートワークしている企業はそれほど多くありません。

最近はリモートワークに魅力を感じて「正社員にならずに最初からフリー

ランスエンジニアになりたい」という方が多いようですが、**「フリーランスのWeb系エンジニアは最初からフルリモートで働ける」というのは大きな勘違い**です。新型コロナウイルス流行時のような特殊なケースを除いて、企業側がリモートワークを許容するのは「優秀な人材のリクルーティングや引き留め」が主な要因となりますので、実務未経験の人に最初からリモートワークを許可することは滅多にありません。

Web開発ではなくWeb制作系のフリーランスエンジニアの場合はリモートワークが一般的です。両者の違いに関しては第2章で説明します。

残業

残業をする人もいれば全くしない人もいますが、一部のブラックな下請け系SIer企業のように、月の残業が100時間を超えることが常態化しているWeb系自社開発企業はほとんど存在しないと考えてよいでしょう。

前述したように、Web系自社開発企業のエンジニアは横の繋がりが強く、情報発信も盛んなため、ブラック企業であればすぐに評判が広まり、誰も寄り付かなくなってしまいます。

ただし一部のスタートアップ企業に関しては、土日祝日も関係なく働いているエンジニアも少なくありませんが、これはストックオプション等による「一攫千金」を目指しての自主的な行動なので、企業側から押し付けられて長時間労働を強いられるというケースはWeb業界では発生しにくいです。

ちなみに筆者はキャリアが浅い頃から残業はほとんどしないタイプでしたが、仕事をしっかりやっていれば文句を言われるようなことは全くありませんでした。

ただし、新しい技術にキャッチアップし続けるためにはある程度プライベートを犠牲にして勉強する必要があるため、残業は少ないものの休日の勉強時間はどうしても多くなりがちという傾向はあります。

服装/髪型

服装は基本的に自由です。エンジニアにもビジネスカジュアルを適用するWeb系自社開発企業も一部ありますが多くはありません（企業によってはショートパンツやサンダル履きが禁止されているというケースもありますが、よほど問題のある服装でない限り注意されることは滅多にありません）。

髪型に関しても特に制限はなく、金髪だけでなくピンクや赤に髪を染めているエンジニアも普通にいます。

給与（単価）

日本企業における、プログラムを書くことが主業務の正社員エンジニアの給与は、どんなに高くても上限は額面で1,000万円前後というのが一般的です（もちろん企業によって上限は異なります。GAFA等の外資系企業では上限はさらに高くなります）。

つまり技術だけでは給与の伸びはどこかで止まってしまうので、正社員エンジニアとしてより高い給与を得たい場合は、CTOやVPoEのようないわゆる「上位職」に就く必要があります。

CTOは「Chief Technology Officer（最高技術責任者）」の略です。その企業のエンジニアの「象徴」であり、技術部門の最高責任者です。

VPoEは「Vice President of Engineering（エンジニア部門の本部長）」の略です。CTOが主に技術面での意思決定で会社の経営に貢献することが職務であるのに対し、VPoEはエンジニア採用やエンジニア組織のマネジメントが主業務となります。

また、他の職種からジョブチェンジして中途で正社員のWeb系エンジニアになった人の給与は、1年目は300万円台というのが一般的です。

フリーランスエンジニアの場合、ある程度十分なスキルと経験があり、東京近郊で週5日フルタイムでオフィスでの常駐勤務が可能であれば、エージェント経由の案件で月単価80万円（年換算だと960万円）程度を稼ぐことはそれほど難しいことではありません。

さらに自分の人脈から案件を受注できるようになると、時間単価1万円超えも夢ではありません(「技術顧問」や「技術アドバイザー」等の高度な業務で時間単価数万円以上を稼いでいるフリーランスエンジニアも存在します)。

転職

Web系エンジニアの転職間隔はかなり短いです。慢性的なエンジニア人材不足ということもあり、スキルと経験値の高いWeb系エンジニアは引っ張りだこですが、短期間で転職を繰り返しすぎると職歴が増えすぎて「ジョブホッパー」と判断されてしまい、次の正社員転職で不利になる可能性が高いので注意が必要です。

フリーランスエンジニアの場合、短期間で職場を移動しても職歴が増えないというメリットがあり、さらに案件の掛け持ちも可能なため、色々な職場を短期間で幅広く経験してみたい場合には正社員よりもフリーランスの方が有利です。これに関しては第6章で改めて説明します。

column

Web系エンジニアが最強のチート職種である理由

この章ではWeb系自社開発企業やWeb系エンジニアの様々な特徴を紹介してきましたが、筆者は「Web系エンジニアという職業は最強のチート職種である」と考えています。その理由は「下記の要素全てが高いレベルでバランスがとれているため」です。

- **需要と将来性**
- **単価**

- **スキルの可搬性**
- **ワークスタイルの柔軟性**
- **フリーランス案件の充実度**
- **他の職種との掛け算の容易性**
- **ジョブチェンジの実現性**
- **オンライン上での業務の完結性**

上記に挙げた全ての要素を高いレベルで兼ね備えている職業は、現時点では恐らくWeb系エンジニアだけでしょう。

ITは完全に社会基盤として定着しており、そして現在のエンジニア人材不足が数年程度で解消される気配はないので「需要と将来性」に関しては申し分ありません。「単価」に関しても十分な額を期待できますし、プログラミング言語や技術は世界共通なので「スキルの可搬性」も非常に高いです。

また、リモートワークやフレックス勤務や案件の掛け持ちが可能で、服装や髪型も自由な場合が多いので「ワークスタイルの柔軟性」も非常に高いです。さらに、正社員求人だけでなく「フリーランス案件」も充実していますし、IT知識はどの職種でも今やほぼ必須スキルなので「キャリアの掛け算」も容易です。

しかも、業務未経験からでも数ヶ月から半年程度しっかり勉強して良質なポートフォリオを作り切れれば十分に転職可能なため、将来的に高単価が期待できる職業の中でもかなり「ジョブチェンジの実現性」が高いという特徴もあります。

そして、基本的に全ての作業がオンライン上で完結可能なため、新型コロナウイルス流行時のように外出自粛が長期間強いられるケースでもビジネスに致命的な影響は発生しませんでした。こちらもWeb系エンジニアという職業の大きな魅力ということになるでしょう。

第2章

IT業界とWeb業界の全体像

この章ではIT業界とWeb業界の全体像を紹介します。

2-1 IT業界の全体像

まずはWeb業界を含むIT業界の全体的なイメージを掴みましょう。IT業界は主に下記の6種類の業界で構成されています。

業界	事業やサービス
通信業界	固定電話や移動電話等の通信インフラの提供
ハードウェア業界	パソコンや周辺機器、携帯電話等の製造
ソフトウェア業界	OSやミドルウェアやアプリケーションの開発
ゲーム業界	テレビゲーム、モバイルゲーム、オンラインゲーム等の開発
SIer業界	様々な情報システムやアプリケーションの受託開発
Web業界	様々なWebサービスやスマホアプリ等の開発

企業によって、一つの業界だけに属している場合もあれば、複数の業界にまたがってビジネスをしている場合もあります。

例えばAppleやGoogleは、スマホ端末やタブレット端末等のハードウェアを自社で製造している「ハードウェア系企業」でもあり、それらのハードウェア上で動作する専用のOSを開発している「ソフトウェア系企業」でもあり、インターネット上で自社サービスを提供する「Web系自社開発企業」でもあります。

以下、それぞれの業界に関して簡単に説明します。

通信業界

固定電話や移動電話等の通信インフラを提供する企業、およびインターネット接続サービスを提供するインターネットサービスプロバイダ（ISP）企業等で構成されます。

NTT、ソフトバンクモバイル、KDDI等が代表的な企業です。

ハードウェア業界

パソコンやその周辺機器、携帯電話、一部の家電等、様々なIT機器を製造する企業で構成されます。

近年は「IoT（Internet of Things：モノのインターネット）」という概念の広まりにより、様々なハードウェア機器（車やテレビや音楽機器等）がインターネットに繋がるようになったことで、ITエンジニアの活躍の場が広がっています。

Apple、Sony等が代表的な企業です。

ソフトウェア業界

サーバやパソコン、スマートフォン等にインストールして使用するOSやミドルウェアやアプリケーションを開発している企業で構成されます。

近年は、インターネット上で直接サービスを提供するソフトウェア企業が増えてきているため、Web業界との境目はかなり曖昧です。

> 従来はコンピュータへのインストールが前提のパッケージソフトの形式で配布されていたソフトウェアが、近年はインターネット上でWebサービスという形で提供されることが多くなっています。これをSaaS（サース：Software as a Service）と言います。

Microsoft、Apple、SAP、Salesforce、トレンドマイクロ等が代表的な企業です。

ゲーム業界

テレビゲームやモバイルゲーム、オンラインゲーム等を開発している企業で構成されます。

GREEやDeNAのように、ゲームだけでなく様々な事業を展開している企業もあるので、Web業界との境目はこちらもかなり曖昧です。

任天堂、Sony、バンダイナムコ、ガンホー等が代表的な企業です。

SIer業界

様々な情報システムやアプリケーションの開発を請け負う受託系企業で構成されます。SIer（エスアイヤー）は和製英語で、System Integrator（システムインテグレーター）の略語です。

IT業界の中で最もエンジニアの人数の多い業界です。皆さんがテレビその他でよく見かける「SE（システムエンジニア）」や「PG」はこの業界独特の呼称です（Web業界では基本的にSEやPGといった職種名は使用されません）。

大手ではNTTデータ、野村総研、アクセンチュア等が代表的な企業です。その他大小様々なSIer系企業が日本中に無数に存在します。

Web業界

第1章で紹介した「Web系自社開発企業」、および「Web制作系企業」や「Web受託系企業」によって構成されます（Web制作系企業やWeb受託系企業に関しては以降の節で説明します）。

Yahoo Japan、サイバーエージェント、メルカリ、クックパッド等が代表的なWeb系自社開発企業です。その他多数の小規模スタートアップ企業やWeb制作系企業、Web受託系企業が存在します。

本書が対象とする業界

前述した業界の中で、最もITエンジニアの数が多いのはSIer業界になります。業務未経験からジョブチェンジできる可能性が高いのは6業界のうちSIer業界とWeb業界ということもあり、この両者は比較されることが非常に多いです。本書ではWeb業界だけでなく、SIer業界に関してもある程度解説します。

Web業界の全体像

Web業界には、Web系自社開発企業だけでなく、他にもいくつかの分類が存在します。この節ではそれらの企業の概要を紹介します。

企業の種類	事業やサービス
Web系自社開発企業	様々なWebサービスやスマホアプリ等の自社開発
Web制作系企業	様々な企業サイト等の受託制作
Web受託系企業	様々なWebサービスやスマホアプリ等の受託開発

Web系自社開発企業

第1章で説明したように、Web系自社開発企業は「インターネットを活用した」「発注元の存在しない」「スケールさせることを前提とした」「要件や仕様の変化し続ける」「自社サービス」を提供している企業です。

詳細は後ほど解説しますが、Web系自社開発企業には「メディア系」「EC系」「アドテク系」など様々な業種があります。主に東京に一極集中していることも特徴です。

Web制作系企業

Web制作系企業の主な業務は、企業や個人のホームページやWebサイトの制作です。WordPress（ワードプレス）というCMS（コンテンツ・マネジメント・システム）を使用することが多いです。

HTML/CSS/JavaScriptといった技術、場合によってはPHPというバックエンド用の言語を使用するという点においてはWeb系自社開発企業と似ていますが、サービスの「**機能要件**」と「**非機能要件**」の数と複雑さと難易度に大きな違いがあります。その違いに関しては後述します。

Web受託系企業

Web受託系企業の主な業務は、Webサービスやスマホアプリ等の受託開発です。SIer系企業との境目はかなり曖昧ですが、Web系自社開発企業の仕事をメインで請けている企業は、服装やワークスタイル等のカルチャーもそちら寄りになりやすいので、この分類に該当する企業もWeb業界に含まれると考えてよいでしょう。

一般的に、Web制作系企業や、後述するSES系企業よりも、Web受託系企業の方が技術レベルが高いことが多いです。

column

Web開発とWeb制作の違いとは?

Web系自社開発企業におけるエンジニアの仕事は「Web開発」であり、Web制作系企業におけるエンジニアの仕事は「Web制作」ということになります。

この2つの業務は基本的に地続きではありますが、第5章で説明する「機能要件」と「非機能要件」の数と複雑さと難易度に大きな違いがあります。ざっくり言うと、「Web制作系の案件ではエンジニアとしての高い技術力は基本的に必要とされない」と考えてよいでしょう。

高い技術力が必要でないということは参入障壁が低いということであり、短期間の学習でとりあえずクラウドソーシング等で小銭を稼げるようになるというメリットがありますが、それと引き換えに次から次へと現れる新規参入者との低価格競争を強いられ続けるというデメリットがあります。

また、フリーランスとして活動する場合、Web制作案件はその多くが後述のコラムで説明する「請負契約」のため、制作物を納入するまで報酬を得られない、制作物の品質や仕様を巡って支払いトラブルが発生しやすい、後述する瑕疵担保（かしたんぽ）責任がある等のリスクがあります（Web開発においては、個人が契約する場合はよりリスクの低い「準委任契約」が一般的です）。

そういったリスク、デメリットをしっかり認識した上で、総合的に判断して「それでもWeb制作がやりたい」ということであればよいと思いますが、目先の小銭やリモートワークがしやすい等の、良質なキャリア形成に繋がらない要素を優先してしまうと、後で後悔することになる可能性が高いのでその点は十分に注意した方がよいでしょう。

また、Web制作系（特にWordPress系）の教材に関しては、いわゆる「情弱」層をターゲットにした数万円以上の高額な情報商材が多いことも大きな特徴です。高額な教材が全て駄目ということではありませんが、WordPressのように昔から広く使われている有名なプロダクトに関しては、安価で良質な教材が他にたくさんありますので、購入する前にしっかり比較検討しましょう。

2-3 Web系自社開発企業の主な業種

Web系自社開発企業は様々な分野でビジネスを展開しています。この節ではWeb業界の主要業種やX-Techについて紹介します。

メディア系

最も企業数の多い業種です。TwitterやFacebookやInstagram等のSNS、Yahoo!ニュース等のニュースサイト、noteやMedium等のブログサービス、YouTubeやNetflixやTikTok等の動画メディア、SpotifyやApple Music等の音楽メディアなど、メディア系サービスを運営している企業が世界中に多数存在します。

収益源は主に広告やサブスクリプションです。

サブスクリプションとは「一定の金額を払えばサービスが使い放題になる料金システムのこと」です。月額制が一般的です。

EC系

ECとはE-Commerceの略、つまり電子商取引のことです。Amazonを筆頭に、楽天、ZOZO、メルカリなどのEC系企業が存在します。

また、PayPalやStripeといった大手の決済サービス、あるいは最近日本でも広まりを見せているPayPayやLINE Pay等のモバイル決済サービス等もこの分類に含まれます。

収益源は主にテナントや取引手数料です。

アドテク系

アドテクとは「Advertising Technology」の略、つまり広告系のテクノロジーのことです。

皆さんがYouTubeを観ている際に表示される広告や、無料のスマホゲーム等で遊んでいる際に表示される広告には、全て何らかのアドテク系企業のサービスが使用されています。

アドテク系サービスを提供している企業の代表はGoogleです。日本においてはサイバーエージェントやオプトといった企業が有名です。その他大小様々なアドテク系企業が存在します。

インターネット上で最も数の多い「メディア系サービス」は広告収入が主な収益源のため、必然的にアドテク系サービスを提供する企業も多くなります。

各企業の提供しているサービスが多様で関連性が複雑なため、この業界をサービスの種類によって分類した図は「カオスマップ」と呼ばれています。

収益源は主にサービスの導入料金や広告配信の手数料です。

ソーシャルゲーム系(モバイルゲーム系)

ソーシャルゲームとは、FacebookやGREEやMobage等のSNS上で提供されるAPIを活用して作られているゲームのことです。モバイルゲーム（スマホゲーム）とは携帯電話やスマートフォン上でプレイできるゲームのことです。

モバイルゲームもソーシャルゲームに含めてしまう分類もありますが、厳密には違う種類のゲームです。

ゲーム業界の企業がモバイルゲームを作っている場合もあるので境目は曖

味ですが、GREEやDeNAやミクシィ等のWeb系自社開発企業がソーシャルゲームもしくはモバイルゲームを開発しているケースも多いので、Web業界の分類の一つと考えてよいでしょう。

収益源は主にアプリ自体の販売料金やアプリ内課金や広告です。

X-Tech系

Web業界の主要業種はこれまでに挙げた「メディア系」「EC系」「アドテク系」「ソーシャルゲーム系（モバイルゲーム系）」の4種類ですが、それ以外にも幅広い業種のWeb系自社開発企業が存在します。これらはまとめて「X-Tech（エックステックまたはクロステック）系」と呼ばれています。

例えば、金融系のサービスを提供している「FinTech（フィンテック）系」、教育系のサービスを提供している「EdTech（エドテック）系」、食に関連するサービスを提供している「FoodTech系」、ファッション系のサービスを提供している「FashionTech系」など、ビジネスとテクノロジーの融合が急ピッチで進行しています。

2-4 日本の主なWeb系自社開発企業

この節では日本の主なWeb系自社開発企業を紹介します（比較的規模の大きい企業や、Web系エンジニアからの人気が高い企業を中心にピックアップしています）。

メルカリ

フリマアプリの「メルカリ」を運営している企業です。技術レベルの高いWeb系エンジニアが集まっており、Web系エンジニアの転職先として非常に人気の高い企業です。子会社のメルペイも有名です。

クックパッド

料理レシピサービスの「クックパッド」を運営している企業です。こちらもメルカリ同様に技術レベルが高く、エンジニアの間では知名度が高い企業です。

エムスリー

医療従事者や医療関連企業向けのサービスを提供している企業です。一般社会での知名度はあまり高くありませんが、技術レベルが高く優秀なエンジニアが集まっており、情報発信にも積極的な企業です。

サイバーエージェント

ネット広告やメディア運営を中心に、「AbemaTV」等の動画事業や「AWA」等の音楽ストリーミング事業、モバイルゲーム事業などのビジネスを展開している企業です。CygamesやCyberZ等、多数の子会社が存在します。

Yahoo Japan

日本最大級のポータルサイトであるYahoo! JAPANを中心に、ニュースメディアの運営やECサイトやオークション事業等のビジネスを展開している企業です。

モバイル決済サービスの「PayPay」もYahooの事業の一つです。また、エンジニアに人気のある「LODGE」というコワーキングスペースも運営しています。

はてな

「はてなブログ」や「はてなブックマーク」等の運営で有名な企業です。技術力が高く、「Mackerel（マカレル）」というサーバ監視用の自社プロダクトも開発しています。

ドワンゴ

「ニコニコ動画」や「ニコニコ生放送」といった動画サービスで有名な企業です。「N高等学校」という通信制の教育サービスも運営しています。

ミクシィ

「mixi」というSNSや、「モンスターストライク（モンスト）」等のモバイルゲーム事業で有名な企業です。Web業界に強い求人サービスの「Find Job!」や、家族向けアルバムサービスの「みてね」等のサービスを運営しています。

iOS/Android開発者向けのテスト支援プラットフォームである「DeployGate（デプロイゲート）」も元々はミクシィのサービスです。

GREE

「GREE」というソーシャルゲームプラットフォームを中心に、モバイルゲーム事業、VTuber事業、アドテク系事業、メディア事業等を展開している企業です。

DeNA

「Mobage（モバゲー）」というソーシャルゲームプラットフォームを中心に、

モバイルゲーム事業、メディア事業、ライブ配信事業、自動運転関連の事業、スポーツ事業、ヘルスケア事業など、様々なビジネスを手掛けている企業です。

リクルート

人材系の事業を中心に、旅行、グルメ、美容等のライフスタイルに関連する事業、結婚や出産等のライフイベントに関連する事業、教育系事業、住宅情報サービス事業等のサービスを展開している企業です。

DMM

動画配信系の事業を中心に、オンラインゲーム事業、教育事業、FX等の金融系サービス事業、オンライン英会話事業、オンラインサロン事業、プログラミングスクール事業など、様々なビジネスをおこなっている企業です。

2-5 SIer業界の全体像

この節ではSIer業界の全体像を説明します。

Web系エンジニアについて紹介する書籍でわざわざSIer業界の説明をすることに疑問を持たれる方もいると思いますが、Web業界とSIer業界の技術およびカルチャーの違いや、それぞれの実態を理解しないまま就職して後悔する人が非常に多いため、注意を喚起する目的でこの節を設けました。両者の違いをよく理解した上で自分に合う業界を選びましょう。

SIerには大きく分けて「メーカー系」「ユーザー系」「独立系」という分類が存在します。以下、それぞれの特徴について説明します。

名称	分類
メーカー系	電機メーカーの子会社や系列会社
ユーザー系	メーカー系以外の大企業の系列会社
独立系	メーカー系やユーザー系以外のSIer系企業

メーカー系

例えば、富士通やNECや日立といった、主にコンピュータ関連の製品を製造している電機メーカーの子会社や系列会社のSIerのことです。メーカーのIT部門が分離した企業と考えればよいでしょう。

本体の親会社の案件を請負っている場合もあれば、外部企業の案件を請負っている場合もあります。基本的には親会社やグループ企業の開発したハードウェアやソフトウェアを優先的に使ってシステム構築をおこないます。

ユーザー系

銀行や保険会社や商社や電力や鉄道などの、大企業の系列会社のSIerのことです。メーカー系以外の大企業の子会社のSIerは全てユーザー系に該当すると考えればよいでしょう。

こちらもメーカー系と同様に親会社や系列会社のシステム構築が業務の中心となりますが、親会社でのシステム構築のノウハウを同業他社に提供している企業も存在します。

独立系

メーカー系やユーザー系に該当しないSIer系企業のことです。大手企業では大塚商会やSCSKが有名です。

分類の仕方にもよりますが、アクセンチュアのような「コンサルティングファーム」と呼ばれる企業で、ITシステムの構築サービスを提供している企業もここに属すると考えてよいでしょう。

大小様々な独立系SIerが無数に存在します。後で紹介する「SES系企業」も独立系SIerの一つです。

2-6 SIer系企業の特徴

Web系自社開発企業の特徴は第1章で説明しましたが、ここではSIer系企業（特に下請けの客先常駐系のSIer企業）の特徴を、Web系自社開発企業と対比させながら解説していきます。

多重下請け構造

SIer系企業が案件を受託する際には、元請けとして顧客と直接取り引きする場合もありますが、規模の大きい案件になると元請けの下に2次請けや3次請けの企業が多数連なることになります。これを「多重下請け構造」や「多重請負構造」と言います。

下請け構造の末端に行くほど単価も下がり、エンジニアの待遇も悪化しやすくなります。この仕組みが建設業界と似ているため、下請けSIerで働くエンジニアが「**IT土方**」と揶揄されてしまう原因になっています。

「枯れた」技術が主流

SIer系企業の案件では、要件や仕様通りに開発して期限通りに納品することが最優先されます。そのため、リスクの高い最新技術は敬遠され、古くから使われていてノウハウが蓄積されている、リスクの低い「枯れた」技術が選択されやすいという特徴があります。

開発マシンが貧弱なケースが多い

SIer系企業においては、Web系自社開発企業のように「入社してくるエンジニアの希望スペックに応じた新品の開発マシンが支給される」というケースはあまり多くありません。

特に下請けSIer企業のエンジニアは、常駐先から支給されるWindowsマシンを使う場合が大半ですが、作業効率の悪い貧弱なスペックのPCを支給されることも少なくありません。

プログラミングができるエンジニアの価値は低い

前述したように、SIerにおいては「あらかじめ決められた要件や仕様通りにプログラムを書ければよい」こと、および「古くから使われている枯れた技術」が主に使われていることにより、プログラムを書くエンジニアに高いスキルは不要なため、そのポジションの「PG」と呼ばれるエンジニアの価値は非常に低いという傾向があります。

エンジニアの立場は強くない

上流工程を担当するITコンサルやプロジェクトマネージャー（PM）の立場は強いですが、実際に開発を担当するSEやPGの立場はあまり強くありません。

開発スタイルはウォーターフォール型が主流

ユーザのニーズが正確には分からないWeb業界のサービスと異なり、SIer系企業の業務においては発注元の顧客が明確に存在するので、そのニーズを確定してから設計→製造→テストという工程を辿る方がリスクを小さくできるため、いわゆる「ウォーターフォール型」の開発スタイルが選択されることが一般的です。
「要件定義 → 基本設計 → 詳細設計 → 製造 → テスト」といった順序で、上流から下流へと「滝」のように開発工程が流れて、基本的に後戻りできない方式なので「ウォーターフォール型」と呼ばれます。
当然のことながら、前工程（上流工程）の方がシステム開発全体への影響度が大きいため、上流工程のポジションであるITコンサル等の方が、単価もステータスも高くなります。

年功序列で年齢層は高め

Web業界と異なり、特に大手のSIer企業では、一つの会社に長く勤め続けるエンジニアも多いです。そのため年齢層は高めになります。
若いうちから大きな決裁権を持って働きたいという方にはデメリットかもしれませんが、逆に言うと長く働けるということでもあります。50代でも現役で現場に出ているSEも増えているようです（日本のWeb業界の場合、50代以上の正社員で第一線でコードを書く仕事をしているエンジニアは、現時点ではまだほとんど見かけません）。

客先常駐での開発が多い

自社オフィスでの作業が中心のWeb系自社開発企業とは異なり、下請けのSIer企業では客先企業に常駐して作業するケースが多くなります。
セキュリティや環境不備によりリモートワーク不可の場合も多く、2020年の新型コロナウイルス流行時にも客先で常駐勤務せざるを得ないSIer系のエンジニアが多数発生しました。

ワークスタイルがフレキシブルではない

Web系自社開発企業では服装や髪型は基本的に自由ですが、SIer企業においては（特に客先常駐の場合は）スーツ着用が必須というケースも多いです。

髪型や髪の色に関しても自由度はそれほど高くありません。

勤務時間帯に関しても客先のルールに従うことになるため、フレックスタイム制を導入しているWeb系自社開発企業のように出社時間を自分で選択することはできません。

情報発信に消極的な企業が多い

Web系自社開発企業と異なり、SIer系企業の多くは情報発信には消極的です。技術系イベントに登壇したり、自社でエンジニアブログ等を持っているSIer系企業は少数派です。

顧客との契約により、使用している技術を公開できないというやむを得ない事情もありますが、前述した通り「枯れた技術や枯れた開発手法しか使わない」場合が多いため、発信できるような技術コンテンツが乏しいこと、「人月商売」のため優秀なエンジニアを集める必要性が低いこと、および客先に常駐しているため記事を書く時間を確保できないといった理由もあります。

> Web系自社開発企業におけるエンジニアブログの記事作成は「仕事の一つ」なので、基本的に業務時間を使って執筆されています。

インターネットへのアクセスが制限されている

SIer企業の一部の現場では、インターネットへのアクセスが制限されたり、そもそも開発端末がインターネットに接続されていないというケースもあります。携帯電話が持ち込めない現場もあります。

エンジニアの横の繋がりが弱い

SIer系企業が主催する勉強会はWeb業界と比較すると極端に少なく、技術系の勉強会に参加するエンジニアも多くないため、SIer業界のエンジニアは横の繋がりがあまり強くありません。

日本中いろいろな地域にある

Web系自社開発企業が東京に一極集中しているのに対して、SIer系企業は日本中の様々な地域に存在しています。地元で働きたいという方にとってはこの点はメリットになるでしょう。

資格が評価に繋がりやすい

Web系自社開発企業では資格がほとんど評価されないのに対して、SIer系企業では資格が評価されやすい傾向があります。資格手当を支給している企業も少なくありません。

資格の勉強そのもので得られる知識よりも「競合他社と差別化しやすくなる」ということが主な理由ですが、資格を取得することが好きな方にはこの点は魅力になるでしょう。

巨大プロジェクトに参加できる可能性がある

例えば「みずほ銀行のシステム統合プロジェクト」には4,000億円の費用が投下されましたが、Web系自社開発企業でこの規模のサービス開発に携われる可能性はほぼありませんので、こういった大規模プロジェクトを経験してみたい方はWeb系自社開発企業よりも大手のSIer系企業の方が向いているということになるでしょう。

Microsoft系の技術がよく使われている

Web系自社開発企業で開発に使用されるプラットフォームは主にLinuxですが、SIer系企業ではWindows Server等のMicrosoft系のプラットフォームや技術が使用されることも多いです。

このため、例えば「.NET Framework（ドットネットフレームワーク）」や「ASP.NET（エーエスピードットネット）」といったMicrosoft系のテクノロジーを使用した開発に携わりたい場合は、SIer業界で働く方がよいでしょう。

スタートアップ企業は存在しない

受託系ビジネスは安定感がありますが利益がスケールせず、投資先として魅力が薄いため、基本的にSIer系のスタートアップ企業は存在しません。

column

SES系企業の問題点とは？

SIer系企業の契約形態には、主に「派遣契約・請負契約・準委任契約」の3種類があります。

派遣契約を締結するためには派遣業の事業許可を取得する必要があり、法律で定められた様々な制約（多重派遣の禁止等）を遵守しなければなりません。そして、請負契約に関しては「成果物を納入するまで報酬を得られない」「瑕疵担保（かしたんぽ）責任がある」等のデメリットがあります。

瑕疵担保責任により、請負企業側は、成果物に問題が発見された場合は顧客の要望に応じて無償で改修をしたり、場合によっては顧客から損害賠償請求をされるといったリスクを負うことになります。

準委任契約は「派遣業のような制約がない」「請負契約と異なり瑕疵担保責任がなく作業時間に応じて報酬が得られる」というメリットがあるため、多くの下請けSIer系企業は準委任契約を好む傾向があります。この準委任契約をIT業界ではSES（システムエンジニアリングサービス）と言い、SES専門のSIer系企業は「SES系企業」と呼ばれています。

SES系企業が抱えている案件の中には、プログラミング知識やエンジニアリング知識が全く不要な業務（主にテスト系や運用系）も多いため、実務未経験者が多数採用されているという特徴があります。

しかし、SES系企業で実務未経験者が参画できるそういった低スキル案件のほとんどは、開発エンジニアの実務経験としてはカウントされないため、エンジニアになりたい実務未経験者がSES系企業でキャリアを開始するのは大きなリスクがあります。

もちろん、実務未経験でSES系企業に入社して開発実務を経験できる案件にアサインしてもらえる人もいますが、これに関しては完全に「運次第」です。SES系企業に入社することがエンジニアの間で**「案件ガチャ」**と呼ばれているのはこういった理由によるものです。

IT業界のことをよく知らない実務未経験者が、「実務未経験大歓迎」の応募要項に惹かれてSES系企業に入社したものの、開発実務を全く経験させてもらえず後悔するというケースは非常に多いため、十分に注意する必要があります。

一部のプログラミングスクールや転職エージェントが「実務経験を積みましょう」というセールストークでSES系企業への就職を斡旋するケースも多いようですが、SES系企業で開発実務を経験できるかどうかは前述した通り完全に運であり、そういった企業で任されるテスト業務や各種雑務をどんなに経験しても、開発エンジニアとしてのキャリアにおいてはほとんど役に立たないことはしっかり理解しておきましょう。

研修と称して、エンジニア業務と全く関係のない家電量販店等での販売の仕事をさせる悪質なSES系企業も存在します。

これに対して、実務未経験からWeb系自社開発企業にエンジニアとして採用された場合に、開発と全く関係のない業務を担当させられるケースは多くありません。（そもそも雑務しかできないレベルの人はWeb系自社開発企業では採用されません）

また、規模の小さいWeb系自社開発企業の場合は、使われているプログラミング言語や技術もそれほど多くないため、入社後にどういった言語や技術を使うことになるかが事前にほぼ確定しています。

つまり、入社難易度は高いもののキャリアのコントロール性が高い（開発実務を経験できる可能性が非常に高い＆使用する言語や技術が事前にほぼ確定している）という点が、Web系自社開発企業でエンジニアとしてキャリアを開始することの大きなメリットということになります。

もちろん全ての人が「あらゆる条件の揃ったモダンなWeb系自社開発企業」に就・転職できるわけではありませんが、第6章で解説するように、良質なポートフォリオを作り切った上で面接およびコーディングテスト対策等もしっかり準備しておけば、それなりのレベルのWeb系自社開発企業に内定を貰える可能性は高いです。そこに辿り着けずにSES系企業にしか合格できなかったようであれば、それは単なる「努力不足」ということになるでしょう。

繰り返しになりますが、開発エンジニアを目指しているにもかかわらず最初のキャリアをSES系企業で開始してしまい、実務経験を積めずに時間を無駄にしたことを悔やんでいる方は非常に多いです。安易にハードルの低い道を選ばずに、自分の目的に近付くためにはどういう選択をすることが最も期待値が高いのか、しっかり考えておいた方がよいでしょう。

第3章

Web系エンジニアの職種

この章ではWeb系エンジニアの各職種を紹介します。

バックエンドエンジニア

バックエンドエンジニアは「サーバサイドエンジニア」とも呼ばれます。Webサービスのバックエンド、つまりサーバ側のコンピュータ上で動作するプログラムを作ることが主な業務になります。

図 バックエンドエンジニアの仕事

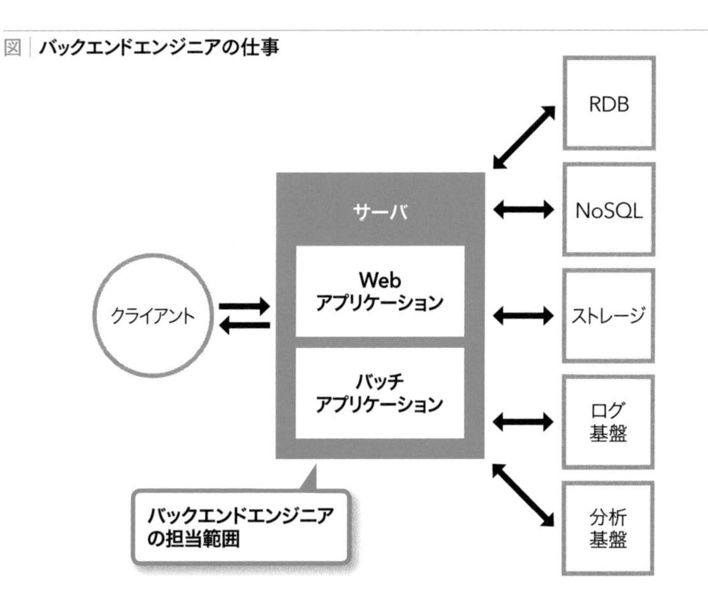

Webブラウザやスマホアプリ等のクライアントからリクエストを受け取って、データベース等からデータを取得、更新したりして、その結果を加工してクライアントに返すプログラムを書くことが、バックエンドエンジニアの基本的な役割です。

その他、一定時間ごとに起動するバッチアプリケーションや、第8章で紹介するサーバレスと呼ばれるタイプのプログラムの開発も、主にバックエンドエンジニアが担当します。

Web系エンジニアの中では最も人数が多く間口の広い職種であること、言語や技術の選択肢が幅広いこと、スキルの掛け算や他の職種との兼務がやりやすいこと、派生的な職種が多いこと、キャリアアップの選択肢が多いこと等が特徴です。

業務未経験からWeb系エンジニアにジョブチェンジする方は、最初はこのバックエンドエンジニアの見習い的なポジションからキャリアを開始するケースが多いです。間口が広く、フロントエンドエンジニアやインフラエンジニアとの兼務もやりやすいため、どの職種が自分に向いているか迷ってしまう方であれば、バックエンドエンジニアからWeb系エンジニアとしてのキャリアを開始するのがとりあえず最も無難と考えてよいでしょう。

兼務だけでなく、バックエンドエンジニアからフロントエンドエンジニアあるいはインフラエンジニアに転身することはそれほど難しくありませんが、iOSエンジニアやAndroidエンジニアへの転身は、必要とされる知識やスキルの種類がかなり異なるため、やや大変です。しかし現在iOSエンジニアやAndroidエンジニアをやっている方も、昔はバックエンドエンジニアだったという方もたくさんいますので、後から転身することも十分可能です。

複雑で大規模なサービスにおいては一般的にバックエンドの工数が大きくなり重要度も高くなりやすいため、そういったサービスを運営している企業のCTO等の重要な役職に関しては、バックエンド経験者が多く登用される傾向があります。将来的にCTO等の上位職を目指している方は、一度はバックエンドを経験しておくとよいでしょう。

以降の節で説明する「フロントエンドエンジニア」や「iOSエンジニア」等が最近成立した職種ということもあり、経験年数の長いエンジニアはバックエンドを経験しているケースが多いため、CTO等の役職も自然とバックエンド経験者が多くなるという事情もあります。

バックエンドエンジニアには、データベース、Webサーバやアプリケーションサーバ、HTTPプロトコル、API、クッキー、認証/認可、セキュリティ、アプリケーションのアーキテクチャ、パッケージマネージャ、テストの知識等、様々な知見が必要になります。

3-2 インフラエンジニア（クラウドエンジニア）

バックエンドエンジニアの仕事は「サーバ上で動作するプログラムを書くこと」ですが、そのサーバやデータベースやネットワークそのものを構築＆管理するのがインフラエンジニア（クラウドエンジニア）の主な業務になります。

図 インフラエンジニア（クラウドエンジニア）の仕事

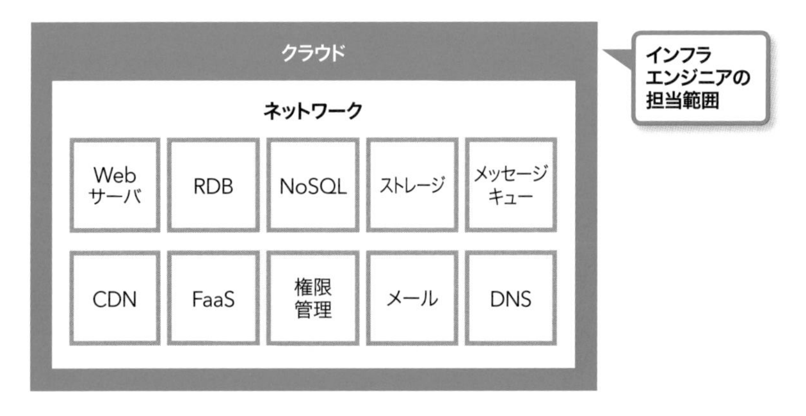

電気や水道が人間社会のインフラ（基盤設備）であるように、Webサービスに必須なサーバ等のインフラ部分を管理および運用するエンジニアなので「インフラエンジニア」と呼ばれるようになりました。

かつては、データセンター等で実際に物理的なサーバ用コンピュータやネットワークを設置することもインフラエンジニアの仕事でしたが、最近は

AWS等の「クラウド」が発展したことにより、データセンター等に出向かずにクラウド環境上でサーバやネットワークの構築をおこなうことが一般的になったため、インフラエンジニアではなく「クラウドエンジニア」という呼称が使われるケースも増えてきました。

本書では基本的にインフラエンジニア＝クラウドエンジニアという前提で説明を進めていきます。

Web系自社開発企業でも、大規模なサービスを運用している企業は今でも自社設備やデータセンター等にサーバ用の物理的なコンピュータを直接設置して運用しているケースもあります。こういった運用方式を「オンプレミス（on-premises）」と言います。（この場合の「premise」は「建物」や「構内」という意味になります）

インフラエンジニアは、開発用の知識はバックエンドエンジニアほどは必要ありませんが、サーバやデータベースやネットワークやセキュリティ等に関するより深いレベル（低レイヤー）の知識が必要になります。監視やログ収集等に関する知識も必須です。

AWSやGCP等のクラウド系のインフラを管理するクラウドエンジニアの場合は、そのクラウドで使える各種サービス（VMやストレージやデータベース等）の幅広い知識も必要です。最近だと「コンテナ（Docker）」や「サーバレス」といった最新技術の知識も必須となっています。

VMは「Virtual Machine（仮想マシン）」の略です。現時点で理解する必要はありませんが、AWS等のクラウドは物理的なサーバコンピュータ上に複数の「仮想的なコンピュータ（仮想マシン）」を起動する方式で運用されています。

コンテナやサーバレスといった技術に関しては第8章で紹介します。

また、クラウドエンジニアの業務には定型的に繰り返される作業も多いので、シェルスクリプト等を活用した自動化のスキルも必須となります。

ユーザがOSと対話するためのインターフェイスを「シェル」と言います。シェルスクリプトは、シェルを通じてOSを操作することができる簡易なプログラミング言語です。

Web業界において、実務未経験者がいきなりインフラを構築したり運用したりする業務を任せてもらえるケースはあまり多くありません。特に最近はインフラエンジニアにも最低限の開発スキルが必要な場面も増えてきているため、業務未経験者がWeb業界のインフラエンジニアを目指す場合は、まずはバックエンドエンジニアからキャリアをスタートして、徐々にインフラのタスクを任されるようになり経験を積んでいくというルートが無難でしょう。

また、インフラエンジニアは、サービスに障害が発生した場合は、夜間や休日等の勤務時間外でも対応しなければならないケース（「オンコール対応」と言います）もあるため、これに対する心構えも必要です。

3-3 フロントエンドエンジニア

Webブラウザ上で動作するJavaScriptのプログラムを作ることがフロントエンドエンジニアの主な業務になります。

図 フロントエンドエンジニアの仕事

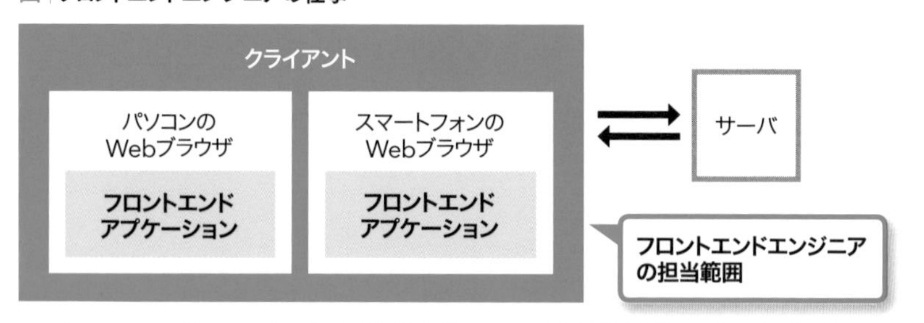

バックエンドエンジニアとは異なり、ユーザが直接目にする部分（ユーザに近い部分）のプログラムを書くエンジニアなので「フロントエンドエンジニア」と呼ばれています。

ブラウザ上に表示したボタンやテキスト等に対するユーザのアクションに

応じて処理をおこなったり、バックエンドエンジニアの作成したサーバ上のプログラムと通信して、その結果をユーザに表示したりするのがフロントエンドのプログラムの基本的な役割です。

Webサービスのビジュアル部分に関わる仕事であること、デザイン的要素があること、比較的学習しやすい分野であることから、若い方たちには非常に人気のある職種です。Webデザイナーからジョブチェンジされる方も多いです。

以前は、HTMLとCSSおよび「jQuery(ジェイクエリー)」というJavaScriptライブラリに関する知識があれば十分仕事になりましたが、現在のWeb系自社開発企業のフロントエンド開発は非常に複雑化しているため、高度なスキルが必要な分野になっています。

また、技術の流行り廃りがWeb系エンジニアの他の職種と比較してもかなり速いため、新しい技術へのキャッチアップ力や情報収集能力も必要になります。

最近はVue.js（ビュージェイエス）やReact（リアクト）やAngular（アンギュラー）といった、フロントエンド用のWebフレームワークを使用した「SPA（エスピーエー)」と呼ばれる構成が、Web系自社開発企業の提供するWebサービスでは一般的になってきています。

SPAは「Single Page Application」の略です。最初に単一のページを読み込んだ後は、画面をリロードせずにJavaScriptがAPIを通じてサーバのプログラムと通信してUIを動的に変更するスタイルのアプリケーションです。

また、Googleの提供する「Firebase（ファイヤーベース)」等の「mBaaS(エムバース)」と呼ばれるサービスを組み合わせることで、要件のシンプルなWebサービスであれば、バックエンドエンジニアがいなくてもフロントエンドエンジニアだけでWebサービスを開発できるようになってきています。

mBaaS（エムバース）は「mobile Backend as a Service」の略です。第8章で紹介します。

言語に関しては、JavaScriptに「静的型付け言語」の機能を追加した「TypeScript（タイプスクリプト）」という言語が使用されるケースも増えてきています。

静的型付け言語に関しては第4章で解説します。

3-4 iOSエンジニア

iPhoneやiPad等の、Apple製のスマートフォンやタブレット上で動作するプログラムを作るのがiOSエンジニアの主な業務となります。

図 iOSエンジニアの仕事

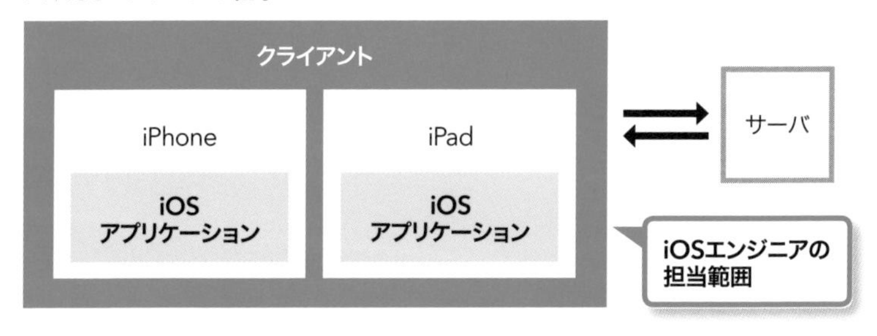

iPhoneやiPadのOSは「iOS」という名称（iPadのOSは正式には「iPadOS」）で、そのOS上で動くプログラムを作る仕事なので「iOSエンジニア」と呼ばれています。

画面上に表示したボタンや画像等に対するユーザのタップやスワイプ等のアクションに応じて処理をおこなったり、バックエンドのプログラムと通信して、その結果をユーザに表示したりするのがiOSのプログラムの基本的な役割となります。

iPhoneを使用している方はApp StoreからLINEやInstagram等のiOSアプリをインストールしていると思いますが、これらを作っているのがiOSエンジニアです。

App StoreからダウンロードするiOSアプリや、Google PlayからダウンロードするAndroidアプリのように、専用のモバイルプラットフォーム上で動作するアプリケーションを「ネイティブアプリ」と言います。また、iOSアプリやAndroidアプリを開発するエンジニアを総称して「ネイティブアプリエンジニア」と呼ぶこともあります。

初代iPhoneがリリースされたのが2007年なので、比較的新しい職種です。当然のことながらApple製品が好きな人が多いです。

基本的にMac上でしか開発がおこなえないので、iOSエンジニアの開発マシンはほぼMacです。また、必ず「Xcode（エックスコード）」という統合開発環境（高機能なエディタのようなもの）を使用する必要があります。

第8章で紹介する「クロスプラットフォーム開発」においては、Xcode以外の開発環境を使用することも可能ですが、ほとんどのiOSエンジニアはMac + Xcodeの組み合わせで開発をおこなっています。

バックエンドやフロントエンドと比較すると技術的な選択肢はそれほど多くなく、言語に関してはSwift（スウィフト）もしくはObjective-C（オブジェクティブシー）のいずれかを使う必要があります。

Objective-Cはかなり古い言語のため、最近のWeb業界におけるiOSアプリの新規開発ではほぼSwiftが使用されています。

またWebサービスとは異なり、開発したアプリをApp Storeで公開するためにはAppleの定めた手順に従って審査を通過しなければならないため、そのノウハウも必要になります。

さらに、iPhoneやiPadのバージョンごとに異なる解像度や縦横のサイズの違い、あるいは画面の向きの変化等に対応する必要があるため、「Auto Layout」のような、レイアウト調整に関する知識も必要になります。

最近はフロントエンドと同様に、GoogleのFirebase等のmBaaSを活用することで、バックエンドエンジニアがいなくても、iOSエンジニアだけでユーザ認証機能やデータベース機能を持ったアプリを開発できるようになっています。

3-5 Androidエンジニア

Android端末上で動作するアプリを作るのがAndroidエンジニアの主な業務となります。バックエンドのプログラムとの連携や役割に関してはiOSエンジニアと同様です。こちらも比較的新しい職種です。

図 Androidエンジニアの仕事

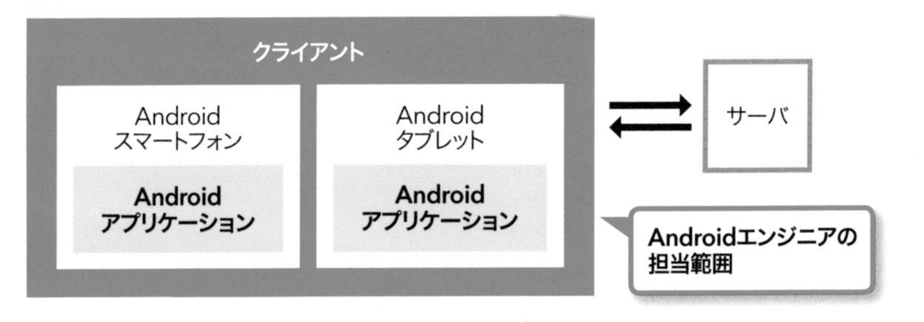

iOSアプリとは異なり、WindowsでもMacでも開発をおこなうことができます。統合開発環境には「Android Studio（アンドロイドスタジオ）」を使用します。

技術的な選択肢はそれほど多くなく、言語に関してはKotlin（コトリン）またはJava（ジャバ）のどちらかを使うことが一般的です。Web系自社開発企業がAndroidアプリを新規開発する際は、最近だとほぼKotlinが選択されていますが、Javaで作られた古いAndroidアプリもまだ残っています。

こちらもiOSアプリと同様に、アプリをGoogle Playに公開するためには審査を通過する必要がありますので、それに関するノウハウも知っておかなければなりません。
　また、端末のバリエーションが非常に多いため、解像度やサイズの違いだけでなく、動作確認をおこなうための考慮事項も多くなります。
　Web系エンジニアの中で最も人材不足感の強い職種です。（日本の場合、スマホ端末は長らくiPhoneの人気が非常に高かったため、スマホアプリを開発したいエンジニアの多くがiOS開発に流れたということも一つの要因でしょう）

3-6 その他の職種

　これまでに紹介した主要5職種以外にも、Web業界には様々な職種が存在します。この節ではそれらの職種に関して簡単に紹介します。

DevOpsエンジニア

　比較的インフラエンジニア寄りの職種です。DevOps（デブオプス）とは「Development（開発）」と「Operations（運用）」の合成語です。
　役割を明確に定義することは難しいのですが、「サービスを安定稼働させたまま、ユーザからのフィードバックを迅速に取り入れて、新機能や改善をスピーディにサービスに反映していくための、技術面や文化面でのあらゆる取り組みをおこなうエンジニア」と考えればよいでしょう。
　一般的に、新機能をどんどんリリースしたい開発担当者と、サービスを安全に運用したい運用担当者の意見は対立するケースが多いです。が、市場での競争に勝ち続けるためには、開発部門と運用部門が協力して、新機能や改善をどんどんリリースしながらも安定運用する仕組みを実現して、サービスの価値を高め続けることが必要です。このためのコンセプトや様々な取り組みを総称して「DevOps」と呼ぶようになった、と理解しておけばよいと思います。

一般的には「インフラのコード化」や「CI/CD（シーアイシーディ）パイプラインの構築」や「監視/ログ基盤の構築」等がDevOpsエンジニアの主なタスクとなりますが、「AWS等のクラウドサービスの知見」「クラウドアーキテクチャ設計の知見」「コンテナ基盤やマイクロサービスやサーバレスの知見」「データベースのマイグレーションの知見」「各種自動化に関する知見」等、様々な知識が必要になります。

インフラのコード化やCI/CDパイプラインについては第8章で紹介します。

機械学習系のサービスでDevOpsエンジニアの役割を果たすエンジニアは「MLOps（エムエルオプス）エンジニア」と呼ばれることもあります。

また、別の呼称として「SRE（サイトリライアビリティエンジニア）」という役職名もあります。「DevOpsエンジニア」と「SRE」の違いは曖昧ですが、やや抽象的なDevOpsエンジニアの仕事内容をより具体的に定めたものがSREであると考えておけばよいでしょう。

機械学習エンジニア

画像認識、音声認識、自然言語処理、レコメンド処理等をおこなうための機械学習モデルを構築することが、機械学習エンジニアの主な役割です。

数年前までは日本のWeb業界内に全くと言っていいほど存在していなかった職種ですが、機械学習系の技術が飛躍的に発展および一般化して、企業が自社サービスに機械学習の機能を取り入れるようになったことで、機械学習エンジニアという職種が大きく注目されるようになりました。

「AI」と「機械学習」は厳密には異なる概念（AIの方がより広義）ですが、基本的には同じものであると考えて特に支障はありません。Web業界内では「AI」ではなく「機械学習」という用語の方がどちらかというと多く使われています。

Web系エンジニアの他の職種ではあまり数学を使う機会はありませんが、

機械学習エンジニアの場合は微分、線形代数、確率統計等に関する大学レベルの知識が最低限必要になります。

それ以外にも、Pythonを使ったプログラミング力や、データ分析や機械学習用のライブラリ（scikit-learn/NumPy/Pandas/XGBoost/TensorFlow）の知識、海外の論文を読むための英語力など、高度なスキルが必要になります。

他のWeb系エンジニアの職種と比べると平均年収は高めで、AIや機械学習に対する注目度も非常に高いため、現在のWeb業界の花形的な職種と言えます。

第4章

Web系エンジニアが使う言語やテクノロジー

この章ではWeb系エンジニアが使う主なプログラミング言語やテクノロジーを紹介していきます。

4-1

Web系エンジニアの必須知識

Mac基礎

Web系エンジニアの開発マシンはMac（特にMacBook Pro）が主流です。

将来的にWeb系エンジニアになることを目指しているのであれば、なるべく早い段階でMacBookを購入し、Macに慣れておきましょう。

また、Web系エンジニア向けのプログラミング情報や記事は、「開発マシンがMacであること」を前提にしている場合が多い（記事を作成しているWeb系エンジニアもMacを使っているケースが多い）ため、環境構築等で無駄な時間を浪費しないように、プログラミング学習の最初からMacを使う方が賢明です。

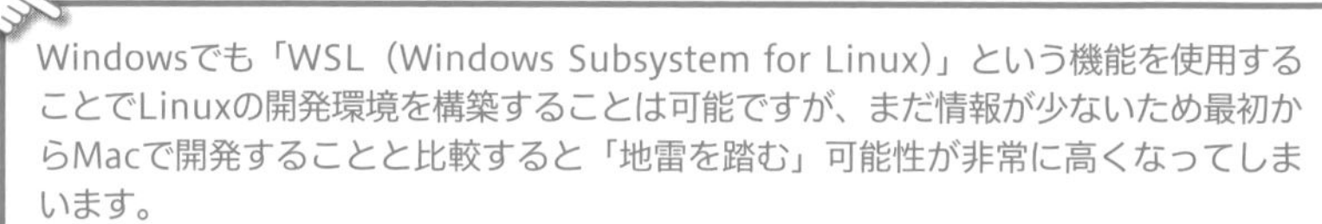

Windowsでも「WSL（Windows Subsystem for Linux）」という機能を使用することでLinuxの開発環境を構築することは可能ですが、まだ情報が少ないため最初からMacで開発することと比較すると「地雷を踏む」可能性が非常に高くなってしまいます。

Web系エンジニアを目指している方がMacBookを購入するのは「浪費」ではなく「投資」なので、ここに関しては出費を渋らない方がよいでしょう。

コンピュータサイエンス基礎

エンジニアの仕事というのは、要するに「プログラミング言語等を活用してコンピュータに色々なタスクを実行させること」なので、コンピュータを有効に活用するための「コンピュータサイエンスの基礎知識」は必須です。

n進数、集合、論理演算、文字コード、データ構造とアルゴリズム、CPU、メモリ、ハードディスク、OS、ファイルシステム、データベース、ネットワークなど、少なくとも「基本情報技術者試験」のカリキュラムに含まれる範囲のコンピュータサイエンスの知識は、Web系エンジニアを目指すのであれば必ず勉強しておくことをお薦めします。

基本情報技術者試験は経済産業省の認定する国家試験です。毎年春と秋の2回開催されています。Web業界では資格はほとんど役に立たないので受験する必要はありませんが、カリキュラムは非常にコンパクトにまとまっているので、基本情報技術者試験の評価の高い参考書を使って勉強しておくことは有用です。

プログラミングを学ぶ際に必ずしもコンピュータサイエンス基礎を最初に勉強する必要はありませんが、Web系エンジニアとして働いていくつもりなら、これらの知識は必須になりますので、なるべく早めに一通り勉強しておきましょう。

Linux基礎

正確には「UNIX系OSの基礎」ということになりますが、lsやcd等の基本コマンド、ユーザ管理、ファイル処理、vi等のエディタの基本的な使用方法、シェルスクリプト等の知識は、Web系エンジニアとしてどの職種を目指す上でも、ある程度は理解しておく必要があります。

特に、バックエンドエンジニアやインフラエンジニアを目指す方はLinuxの基礎知識が必須となります。その他の職種でもWeb系エンジニアはほぼMac（BSD系UNIXがベース）上で開発をおこなうことになるので、コンピュータサイエンス基礎と同様にLinux基礎も、早い段階で必ず勉強しておきましょう。

Git/GitHub基礎

Git（ギット）はプログラムのソースコード等をバージョン管理するためのツールです。GitHub（ギットハブ）はGitを使ったバージョン管理やチーム開発を支援するWebサービスです。

プログラムを開発する際には、ただ単にソースコードを追加/修正していくだけではなく、「誰が」「いつ」「どのような」変更をおこなったのか、履歴（バージョン）を管理していく必要があります。複数人で開発する場合には、問題点を開発者同士が指摘し合ったり、ソースコードの予期せぬ上書きを防止したり、ソースコードを閲覧/編集可能な開発者を適切に制限するための仕組みも必要です。

こういった機能を提供するのがGitとGitHubです。こちらもWeb系エンジニアの必須スキルになるため、早い段階から慣れておいた方がよいでしょう。転職活動用のポートフォリオ（作品）も、ソースコードはGitHubで公開することが一般的です。

GitHubに関しては「Bitbucket（ビットバケット）」や「GitLab（ギットラボ）」等の同種のWebサービスもありますが、Web業界内の使用率ではGitHubが圧倒的です。

エディタ/IDE

プログラムのソースコードを書いていくためのツールがエディタ（テキストエディタ）です。基本的にはWindowsの「メモ帳」がより高機能になったようなものと考えればよいでしょう。

IDEは「Integrated Development Environment（統合開発環境）」の略です。エディタに「コンパイラ」や「デバッガ」等の機能が統合されて、さらに多機能になったツールと考えればよいでしょう。

コンパイラはプログラムのソースコードを機械語に翻訳するツール、デバッガはデバッグ（プログラムの誤りを発見する作業）を支援するツールです。

コードを書くことが仕事のWeb系エンジニアにとって、エディタやIDEに慣れておくことは非常に重要です。プログラミングの学習を始めたばかりの段階では「Cloud9（クラウドナイン）」等のWebブラウザで使用できるエディタやIDEを使用しても問題ありませんが、なるべく早めにVSCode（ブイエスコード）等の、パソコンにインストールして使用するタイプのエディタやIDEに移行した方がよいでしょう。

Cloud9は環境構築が容易なためプログラミングスクール等では比較的よく使われているエディタですが、Web業界の現場では特殊な用途を除いてはほとんど使われていません。

Web業界ではエディタやIDEに関しては基本的にエンジニアが自由に選べますが、初学者の方でバックエンドエンジニアやフロントエンドエンジニアを目指す方は、最初は一般的によく使われていて情報も多いVSCodeを使っておくのが無難でしょう。

パッケージマネージャ

プログラムを開発する際には、様々な汎用的な機能がまとめられた「ライブラリ」や「パッケージ」を使用することが一般的です。これらのライブラリやパッケージのインストールやアンインストール、パッケージ同士の依存関係等を管理するツールがパッケージマネージャです。

各プログラミング言語ごとに様々なパッケージマネージャが存在します。RubyではBundler（バンドラー）、PHPではComposer（コンポーザー）、JavaScript（Node.js）ではnpmやyarn（ヤーン）等のパッケージマネージャが使われています。

Web系自社開発企業のアプリケーション開発においてはほぼ必ずパッケージマネージャを使うことになるため、基本的な操作方法に関してはしっかり慣れておく必要があります。

Linter/Formatter

Linter（リンタ）は「静的解析ツール」のことです。ソースコードの文法的な誤りをチェックするだけでなく、コーディング規約に違反しているコードの検出もおこなうことができます。Formatter（フォーマッタ）は事前に定められたルールに沿ってソースコードを整形するツールのことです。

プログラムは基本的に文法エラーにならない限りは色々な書き方をするこ

とが可能ですが、各開発者が自分独自のバラバラな書き方をしてしまうと統一性や可読性に大きな問題が発生するため、チーム開発においては何らかのルールやガイドライン（コーディング規約）を設けることが一般的です。

以前はガイドラインをドキュメントで管理する方式が主流でしたが、LinterやFormatterの普及により、大部分の規約はドキュメント化しなくてもLinterとFormatterで自動的にソースコードに反映することが可能になりました。

以前は例えば「if文の括弧の位置」等を巡ってエンジニア間で論争になることも多かったのですが、LinterやFormatterの使用が一般化したことでこういった無駄な議論は激減しました。

各言語ごとに様々なLinterやFormatterが存在します。最近のWeb系自社開発企業のアプリケーション開発ではLinterやFormatterはほぼ必ず使用されているので、ポートフォリオを作る際にはこれらのツールをしっかり導入しておく必要があります。

例えばRubyではRuboCop（ルボコップ）、JavaScriptではESLintやPrettier（プリティア）といったLinter/Formatterが広く使われています。

最近のLinterやFormatterは、ツール単体で使用するだけでなくエディタやIDEに組み込んで使用することも可能になっています。

単体テスト/統合テスト

アプリケーションのテストには、テスターが実際にアプリケーションを動かしておこなうテストと、テストコードによっておこなう自動テストの2種類があります。単体テストと統合テストは後者の自動テストに分類されます。

単体テストは、プログラムの中の単体の小さな関数やメソッドが想定通りの挙動になっているかどうかを検証するテストです。ユニットテストとも言います。

統合テストは、プログラムの中の様々な関数や機能の連携および相互作用を検証するテストです。

単体テストや統合テストを自動的におこなうことにより、テストの工数を大きく節減することが可能になり、安全性も高まるため、モダンなWeb系自社開発企業ではほぼ必ず自動テストがおこなわれています。

ポートフォリオを作成する際にも単体テストと統合テストをしっかり書いておくことは必須のため、こちらも十分に理解しておく必要があるでしょう。

単体テストと統合テストはCI/CDパイプラインに含めることが一般的です。こちらに関しては第8章で紹介します。

セキュリティ

外部に公開されるWebサービスは、常にクラッキングやハッキング等のサイバー攻撃の脅威に晒されています。

Webサービスを乗っ取られたり、ユーザのパスワードを盗まれたりすると甚大な被害が発生し、事業やサービスの継続に致命的な影響をおよぼすため、基本的なセキュリティの知識を習得することは非常に重要です。

SQLインジェクション、クロスサイトスクリプティング（XSS）、クロスサイトリクエストフォージェリ（CSRF）等の一般的な攻撃手法に関しては、ポートフォリオを作る際にはしっかり理解して対策をしておく必要があります。

最近のモダンなWebフレームワークには基本的な脆弱性対策が最初から組み込まれている場合が多いですが、それ以外にもパスワードを平文（暗号化しない状態）で保存しない、GitHub等のバージョン管理サービスに秘匿情報をアップロードしない、クラウドのインフラにアクセス可能なIPアドレスを制限しておく等、様々な対策が必要になります。

Web系エンジニアの使う プログラミング言語

この節では、Web系エンジニアの使う主なプログラミング言語を紹介します。

まず最初に言語の「型付け」と「パラダイム」による分類を説明して、その後で各言語を簡単に紹介していきます。

言語の種類

プログラミング言語には、大分類として「動的型付け言語」と「静的型付け言語」の2種類があります。

⦿動的型付け言語

動的型付け言語とは、変数やオブジェクトの型が「プログラムの実行時」に決定される言語のことです。

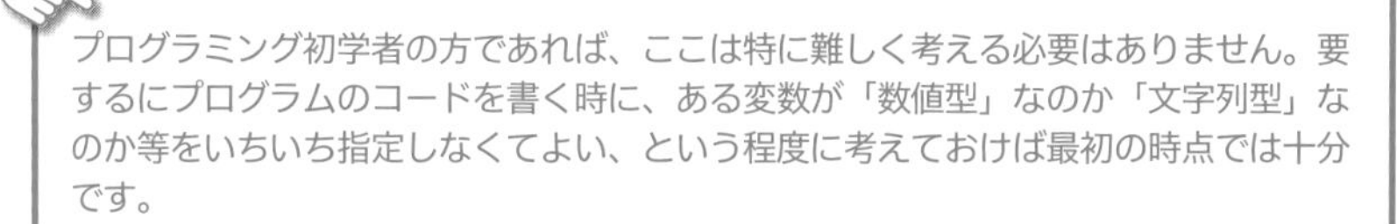
プログラミング初学者の方であれば、ここは特に難しく考える必要はありません。要するにプログラムのコードを書く時に、ある変数が「数値型」なのか「文字列型」なのか等をいちいち指定しなくてよい、という程度に考えておけば最初の時点では十分です。

RubyやPHP、PythonやJavaScriptは動的型付け言語です。

動的型付け言語で書いたプログラムは一般的にはインタプリタによって実行される場合が多いですが、Elixir（エリクサー）のように、コンパイルしてから実行する方式の動的型付け言語も存在します。

「コンパイル」は「プログラミング言語で記述されたソースコードをコンピュータが実行可能な機械語等の形式に変化すること」です。コンパイルを実行するプログラムを「コンパイラ」と言います。

「インタプリタ」は「ソースコードを読み取って逐次実行していくプログラムのこと」です。

動的型付け言語は、静的型付け言語と比較すると、コードの記述量が短くなること、異なる型でも同じ型のように扱えてしまうこと等が特徴ですが、実行前に型に関連するエラーが発見できないという欠点があります。例えば下記のようなPythonのコードはプログラムの実行時にエラーが発生しますが、実行前にエラーを発見することはできません。

```
def add(i1, i2):
  return i1 + i2

add(1, 2) # 3
add(1, "a") # 実行時にエラーが発生
```

⊙静的型付け言語

静的型付け言語とは、変数やオブジェクトの型が「プログラムの実行前」に決定される言語のことです。

変数の型はコンパイル時にチェックされるため、型に関係するエラーの多くはコンパイル時に発見できますが、動的型付け言語と比較すると記述はやや冗長になります。

JavaやKotlinやSwiftやGoは静的型付け言語です。

下記のようなGoのコードは、コンパイル時にエラーを発見できますが、Pythonのコードと比較すると、型指定の分だけコードの記述量が増えています。

```
func add(i1, i2 int) int {
    return i1 + i2
}

add(1, 2) // 3
add(1, "a") // コンパイル時にエラーになる
```

◉パラダイムによる分類

型付けの方法による分類以外に、プログラミング言語には「パラダイム」による分類も存在します。

パラダイムというのは要するに、そのプログラミング言語の「世界観」や「コンセプト」や「枠組み」のようなものと考えればよいでしょう。

例えば「オブジェクト指向言語」というパラダイムに対応している言語においては、プログラムは「オブジェクト同士の相互作用」という形で記述されることになりますし、「関数型言語」においては「副作用を持たない関数の評価の連続」という形で記述されることになります。

> ここはやや抽象度の高く分かりにくいトピックなので初学者の段階で理解する必要はありません。「言語によって色々とコンセプトが異なるんだな」という程度に捉えておいてください。

プログラミング言語のパラダイムには色々な種類がありますが、とりあえず「手続き型言語」「オブジェクト指向言語」「関数型言語」の分類を覚えておけばよいでしょう。

それぞれの詳しい説明は省略しますが、例えばGoという言語は、型付けによる分類としては「静的型付け」で、パラダイムによる分類としては「手続き型言語」になります。

さらにRubyは「動的型付け」の「オブジェクト指向言語」で、Elixirは「動的型付け」の「関数型言語」です。

また、複数のパラダイムに対応している言語を「マルチパラダイム言語」

と言います。例えばScala（スカラ）は「オブジェクト指向言語」でもあり「関数型言語」でもあるので、マルチパラダイム言語です。

言語の種類の説明は以上になります。以下、Web系自社開発企業で使われている主な言語を紹介していきます。

Ruby（ルビー）

Rubyは日本のWeb業界で最も広く使われている言語の一つです。言語の種類としては「動的型付け」の「オブジェクト指向言語」となります。

海外でも人気がありますが、Rubyの創始者が「まつもとゆきひろ」さんという日本人の方ということもあって、特に日本において人気が高い言語です。

主にバックエンドで動作するプログラムの開発に使用されることが多く、Ruby on Rails（ルビーオンレイルズ）というWebフレームワークが非常に有名です。プログラミングスクールのカリキュラムでもRubyとRuby on Railsが使用されることが多いです。

「gem（ジェム）」と呼ばれる各種ライブラリが豊富で、これらをうまく組み合わせるだけでもある程度の機能を持ったWebサービスを効率よく開発することが可能なため、Web業界の中でも特にスタートアップ系の企業での使用率が高いことが特徴です。

Rubyのサンプルコード

```
def add(i1, i2)
  return i1 + i2
end
```

PHP（ピーエイチピー）

PHPもRubyと同様に日本のWeb業界で最も広く使われている言語の一つ

です。言語の種類としては「動的型付け」の「オブジェクト指向言語」となります。
「LAMP（ランプ）環境」と言われる、「Linux + Apache + MySQL + PHP」というOSやミドルウェアや言語の組み合わせは、Webサービスの開発における定番パターンの一つです。

LinuxはOS、Apache（アパッチ）はWebサーバ、MySQL（マイエスキューエル）はデータベースです。最近はApacheではなくNginx（エンジンエックス）というWebサーバが使われるケースも増えてきました。

PHPのWebフレームワークとしては、Laravel（ララベル）、CakePHP（ケイクピーエイチピー）、Symfony（シンフォニー）等が有名です。最近はLaravelを使う企業が増えています。
また、世界的に非常に人気のある「WordPress（ワードプレス）」というCMS（ブログやホームページ等を構築管理するためのソフトウェア）はPHPで作られているため、Web制作系の業務でWordPressのカスタマイズをおこなう際にはPHPの知識が必須になります。

PHPのサンプルコード

```
function add($i1, $i2) {
    return $i1 + $i2;
}
```

Python（パイソン）

Pythonも世界的に人気の高い言語の一つです。言語の種類としては「動的型付け」の「オブジェクト指向言語」となります。
scikit-learn（サイキットラーン）やPandas（パンダス）等の、「機械学習（AI）」や「データ分析」の分野におけるデファクトスタンダードなライブラリやツールが存在していることが大きな特徴で、機械学習エンジニアやデータサイエンティストにとっては必須の言語となっています。

また、機械学習やデータ分析用途での人気の高まりに比例して、日本のWeb業界におけるバックエンド分野での使用例も増えてきています。

ただしRubyやPHPと比較すると、Web業界のバックエンド分野での使用率はまだまだそれほど多いわけではありません。

Webフレームワークとしては Django（ジャンゴ）やFlask（フラスク）が有名です。

Pythonには「バージョン2.7と3の混在」という面倒な問題がありましたが、最近はバージョン3を使ってもほぼ支障がないという状況になってきましたので、これからPythonを学習したいという方はバージョン2.7はスキップしてバージョン3から始めてしまう方がよいでしょう。

Pythonのバージョン2.7と3は互換性が低く、2.7で動作するプログラムの多くが3では動作しないといった問題があり、3への移行が中々進みませんでした。しかし2020年に2.7のサポートが終了になり、多数の有名なPythonライブラリも2.7をサポートしなくなることが決定しているため、今後は2.7を使わない方が賢明です。

Pythonのサンプルコード

```
def add(i1, i2):
    return i1 + i2
```

JavaScript（ジャバスクリプト）/TypeScript（タイプスクリプト）

JavaScriptはほぼ全てのWebブラウザ上で動作する唯一の言語です。種類としては「動的型付け」の「オブジェクト指向言語」に該当します。

フロントエンドエンジニアにとって習得が必須な言語であることはもちろんですが、最近はバックエンドでの使用例も増えているため、バックエンドエンジニアもJavaScriptはある程度理解しておく必要があります。

バックエンドにはブラウザが存在しないため、JavaScriptを実行するための何らかの実行環境が必要になります。この実行環境を「Node.js（ノードジェイエス）」と言います。Node.jsは厳密には言語ではありませんが、JavaScriptと同じ意味でNode.jsという用語を使う人も多いので、覚えておいた方がよいでしょう。

TypeScriptは、JavaScriptに「静的型付け」の機能と「クラスベースのオブジェクト指向」の機能を追加した言語です。ここ数年はWeb業界内で静的型付け言語の人気が高まっているということもあり、JavaScriptではなくTypeScriptを用いたフロントエンドの開発事例が非常に増えてきています。

旧来のJavaScriptは「プロトタイプベースのオブジェクト指向言語」に分類されます。現時点では詳細を理解する必要はありません。要するにTypeScriptではRuby等と同様な「クラス」が使えるようになった、と認識しておけばよいでしょう。

TypeScriptはいわゆる「AltJS（オルトジェイエス）」の一つです。最終的にはJavaScriptに変換されますが、エンジニアがコードを書く際には別の言語のように書くことが可能です。他のAltJSにはElm（エルム）やPureScript等があります。

フロントエンドのフレームワークとしてはVue.js、React、Angularが有名です。バックエンドのWebフレームワークとしてはExpressが人気があります。

JavaScriptのサンプルコード

```
function add(i1, i2) {
  return i1 + i2
}
```

TypeScriptのサンプルコード

```
function add(i1: number, i2: number): number {
    return i1 + i2
}
```

Java(ジャバ)

Javaは主にSIer業界で広く使われている言語ですが、Web業界でも使用されています。大学の情報系学部のカリキュラムで使用されることも多いです。言語の種類としては「静的型付け」の「オブジェクト指向言語」となります。

ちなみに「Java」と「JavaScript」は全く関係のない別の言語です。JavaScriptが開発されていた当時にJavaが非常に注目されていたこと、およびJavaの開発元企業とJavaScriptの開発元企業が当時提携関係にあったため、Javaの人気に便乗する形で「JavaScript」という名称が付けられたということのようです。

「JVM(Java Virtual Machine)」という実行環境上で動作する「JVM系言語」の一つです(後述する「Kotlin」や「Scala」もJVM系言語です)。

JavaはRubyやPHPのようなインタプリタで実行される言語とは異なり、コンパイルして実行される言語のため、処理速度の面で優れています。静的型付け言語なので型に関連するエラーの検出も容易です。

そのため、開発効率よりも処理速度や安全性が優先されるサービスや機能の開発で使用されることがWeb業界においては一般的です(スタートアップ系の少人数の企業で開発言語にJavaが選択されるケースはあまり多くありません)。

Webフレームワークとしては Spring Boot(スプリングブート)やPlay Frameworkが有名です。

また、バックエンドだけでなくAndroidアプリの開発にも長らくJavaが使われていましたが、最近のWeb業界のAndroidアプリの新規開発では、ほぼ100%に近い割合で、この後に説明するKotlin(コトリン)という言語が選択されるようになってきています。

Javaのサンプルコード

```
class Calc {
    public int add(int i1, int i2) {
        return i1 + i2;
    }
}
```

Kotlin(コトリン)

Javaと同じ「JVM系言語」の一つです。言語の種類としては「静的型付け」の「オブジェクト指向言語」となります。

2017年にAndroidアプリ開発用の正式言語としてGoogleに認定されたことで、Web業界でも一気に広まりました。

用途は主にAndroidアプリ開発ですが、バックエンド開発で用いられるケースも増えてきています（Androidアプリ開発用途と区別するために、この場合は「サーバサイドKotlin」と呼ばれることもあります）。

同じJVM系言語であるJavaのライブラリやWebフレームワークが基本的にそのまま使用できるので、今までAndroidアプリやWebサービスをJavaで開発してきた企業がKotlinに乗り換えることはそれほど難しいことではありません。

Javaの欠点を補うことを主目的としてJVM系言語を使う場合、その言語を「Better Java」と呼ぶこともあります。

最近はKtor（ケイター）というKotlin製のWebフレームワークも人気が出てきています。

Kotlinのサンプルコード

```
fun add(i1: Int, i2: Int): Int {
    return i1 + i2
}
```

Scala(スカラ)

ScalaもJavaやKotlinと同様にJVM系言語です。言語の種類としては「静的型付け」の「オブジェクト指向言語」であり「関数型言語」でもあります。前述した「マルチパラダイム言語」に該当します。

用途は主にバックエンドのWebサービス開発です。Web業界ではアドテク（ネット広告）系の企業で使用されるケースが比較的多いです。

WebフレームワークとしてはPlay Frameworkが有名です。関数型プログラミング用のライブラリとしてはScalaz（スカラゼット）やCats等があります。

Scalaを関数型言語として用いて関数型プログラミングをおこなう場合、それ用のライブラリも含む学習コストは他の言語と比較するとかなり高くなる傾向があります。

「純粋関数（副作用のない関数）だけを使ってプログラムを構築するスタイル」を関数型プログラミングと言いますが、プログラミング初学者の方にはかなり難しい概念なので現段階では特に理解する必要はありません。

Swift(スウィフト)

主にiOSアプリやmacOSアプリの開発用に使用される言語です。言語の種類としては「静的型付け」の「オブジェクト指向言語」となります。

数年前までは、iOSアプリの開発には「Objective-C（オブジェクティブシー)」という言語が使われていましたが、現在のWeb業界で新規にiOSアプリを開発する場合はSwiftが選択されるケースが大半なので、これからiOSアプリ開発を勉強したい初学者の方はObjective-Cを学ぶ必要はありません。

古いiOSアプリのメンテナンス等でObjective-Cの知識が必要になる場合もありますが、Objective-Cは今後消えていくことが確実な言語なので、学習の投資対効果はかなり低いと考えた方がよいでしょう。

Kotlinと同様にアプリ開発だけでなくバックエンド開発でも一応使用可能で、その場合は「サーバサイドSwift」と呼ばれることもありますが、KotlinはJVM系言語のためJavaのWebフレームワーク等の資産をそのまま使えるのに対してSwiftはそうではないため、バックエンドでの活用はそれほど広がっていないというのが現状です。

Swiftのサンプルコード

```
func add(i1: Int, i2: Int) -> Int {
    return i1 + i2
}
```

Go(ゴー)

主にミドルウェアや各種ツール、そしてWebサービスの開発用に使用される言語です。「Golang(ゴーラン)」とも言います。言語の種類としては「静的型付け」の「手続き型言語」に分類されます。

学習コストの低さや処理の高速性、並行処理の容易性、コンパイル後の実行ファイルサイズの小ささといった様々なメリットにより、Web業界ではここ数年非常に人気の高くなっている言語です。

高速でコンパクトなAPIサーバの開発や、複数の小さなWebアプリケーションの組み合わせで一つのWebサービスを構築する「マイクロサービスアーキテクチャ」と言われる方式で開発をおこなう際には、言語にGoが選択されるケースが多くなっています。

一つのWebサービスが一つのWebアプリケーションで構築されている場合は、その構成を「モノリシックアーキテクチャ」または「モノリス」と言います。モノリスとは「一枚岩」という意味です。マイクロサービスアーキテクチャに関しては第8章で紹介します。

Docker（ドッカー）やKubernetes（クーベネティス）といった、ここ数年のWeb業界のバックエンドでトレンドになっているミドルウェアもGoで作られています。

現時点のWeb業界のバックエンド分野においては、Goはかなり投資対効果の高いプログラミング言語になっていると考えてよいでしょう。

Goのサンプルコード

```
func add(i1, i2 int) int {
    return i1 + i2
}
```

4-3 バックエンドエンジニアの必須知識

この節ではバックエンドエンジニアの必須知識に関して説明します。

Webフレームワーク

アプリケーションを開発する際には、全てのコードを自分達で書くわけではなく、様々な汎用的な機能がまとめられた「ライブラリ」や「パッケージ」を使用することが一般的です。

Webフレームワークもそういったライブラリの一種で、Webアプリケーションを開発する際に必要な様々な機能が「雛形」や「規約」としてまとめられており、エンジニアはその雛形や規約のルールに従ってコードを書くことで、効率よく開発作業を進めることができます。

Ruby on Railsのサンプルコード

```
class PostsController < ApplicationController
  def create
    @post = Post.new(post_params)
    if @post.save
      redirect_to posts_path, notice: '投稿に成功'
    else
      flash.now[:alert] = '投稿に失敗'
      render :new
    end
  end
end
```

Webフレームワークには、言語ごとに様々な種類があります。RubyはRuby on Rails、PHPはLaravel、PythonはDjango等が代表的なWebフレームワークです。

一般的には「MVC」と呼ばれるアーキテクチャのWebフレームワークが多いです。なにか一つのWebフレームワークの使い方を覚えれば、他のフレームワークも比較的習得しやすくなります。

> MVCは「Model View Controller」の略語です。本書では説明は割愛します。

Webフレームワーク等を使わずに、ゼロから全て自分たちでコードを書くことを「スクラッチ開発」と言います。小さいアプリケーションの場合はスクラッチ開発をおこなうこともありますが、ほとんどのWebアプリケーションの開発においては何らかのWebフレームワークやそれに準じるライブラリが使われていると考えてよいでしょう。

Webサーバ/アプリケーションサーバ

ブラウザやスマホアプリ等のクライアントアプリケーションからのHTTPリクエストに対して、何らかの処理をおこなってHTTPレスポンスを返すのがWebサーバの役割です。

HTTPプロトコルに関しては巻末の付録で簡単に説明していますが、クライアントからサーバに送られるHTTP通信を「HTTPリクエスト」、サーバからクライアントに返されるHTTP通信を「HTTPレスポンス」と言います。

この際に、クライアントから「CSSファイル/画像ファイル」等の「静的ファイル」をリクエストされた場合は、基本的にはWebサーバ自体がそれらのファイルを返す処理をおこないますが、「データベースにアクセスして商品データを取得する」等の「動的な処理」が必要な場合には、「アプリケーションサーバ」に対して処理を依頼して、その処理結果をクライアントに返します。

アプリケーションサーバは、Ruby on Rails等で作られたWebアプリケーションを実行して、Webサーバに対して実行結果を返すことが役割です。

図 Webサーバとアプリケーションサーバ

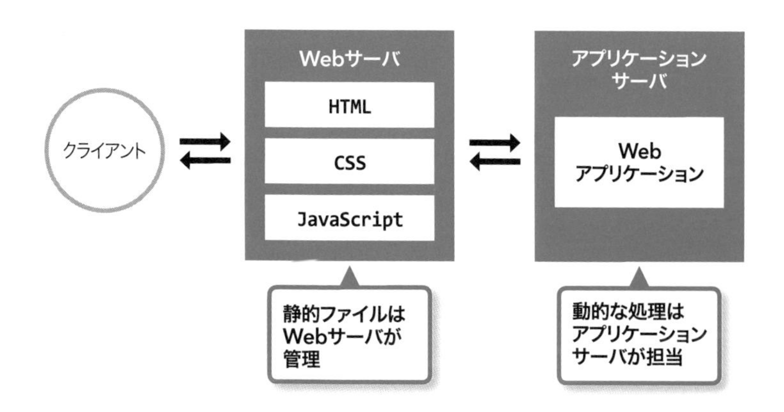

代表的なWebサーバにはApache（アパッチ）やNginx（エンジンエックス）があります。アプリケーション・サーバにはUnicorn（ユニコーン）やTomcat（トムキャット）等があります。

Webサーバとアプリケーションサーバとアプリケーションの関係性は少々ややこしいので、初学者の方は現時点では理解できなくても気にする必要はありません。

REST API

「API」とは「アプリケーション・プログラミング・インターフェイス」の略です。「アプリケーション同士がコミュニケーションするためのインターフェイス（約束事や取り決め）」ということになります。

Webアプリケーションのクライアントとサーバのやりとりのインターフェイスを定義したAPIは「Web API」と言います。その中でも「REST（レスト）」という設計原則に従って作成されたAPIを「REST API」と言います。

RESTの設計原則は初学者の方にはやや難解ですが、「URL」で表現した一意の「リソース」を、HTTPプロトコルのGETやPUT等の「メソッド」でどう操作するかを定めたもの、と捉えておけばよいでしょう。具体的には下記のようなルールを適用することになります。

図｜REST APIの例

処理	URL	HTTPのメソッド
ユーザー覧	https://{ホスト名}/users	GET
ユーザ詳細	https://{ホスト名}/users/{ユーザID}	GET
ユーザ作成	https://{ホスト名}/users	POST
ユーザ更新	https://{ホスト名}/users/{ユーザID}	PUT
ユーザ削除	https://{ホスト名}/users/{ユーザID}	DELETE

サーバ側のWebアプリケーションは上記のようなルールでREST APIを公

開し、クライアント側はやりたい処理に応じて上記のURLにHTTPリクエストを送信するということになります。

REST APIによって返されるデータの形式はJSONが一般的です。もちろんHTMLを返すことも可能ですが、HTMLはWebブラウザで直接表示する以外の目的（例えばiOSやAndroidで使う場合等）では扱いにくいデータ形式のため、JSONが選択されることがほとんどです。

「JSON（ジェイソン）」とは「JavaScript Object Notation」の略で、要するに「JavaScriptの配列やオブジェクトとして表現されるデータ形式」のことです。具体的には下記のようなデータ形式になります。

```
{"name": "Kenta Katsumata", "job": "DevOps Engineer"}
```

データベース

データベースとは「データの集まり」のことです。「データの保存」と「データの検索」が主な役割となります。

Web系エンジニアが業務で扱うデータベースには「RDB（リレーショナルデータベース）」と「NoSQL（ノーエスキューエル）」の2種類があります。

⦿RDB

RDBとは、データを「行（レコード）」と「列（カラムまたはフィールド）」で構成される2次元の「表（テーブル）」と、それらの表の「関係性（リレーション）」で表現するデータベースです。データを「関係性」で表現するので「関係データベース（Relational Database）」と言います。

図 RDBの例

商品テーブル

商品コード	商品名	カテゴリ	単価
A001	マグカップ	日用雑貨	1,500円
A002	スピーカー	パソコン周辺機器	3,000円
A003	コピー用紙	オフィス用品	400円

会員テーブル

会員コード	会員名	職業	趣味
00001	勝又健太	Web系エンジニア	ラグビー観戦
00002	山田花子	デザイナー	カフェ巡り
00003	佐藤一郎	営業	筋トレ

売上テーブル

売上コード	売上日時	会員コード	商品コード	…
U00001	2020/05/01	00001	A001	
U00002	2020/05/02	00002	A002	
U00003	2020/05/03	00003	A003	

RDBのテーブルに対して、下記のような「SQL（エスキューエル）」と呼ばれる特殊な言語を使用して検索をおこなうことで、特定の会員の売上情報を、会員名と商品名を含めて取得することができます。

```
SELECT 会員名, 売上日時, 商品名, 個数, 支払金額
FROM 売上テーブル
INNER JOIN 会員テーブル ON 売上テーブル.会員コード =
会員テーブル.会員コード
INNER JOIN 商品テーブル ON 売上テーブル.商品コード =
商品テーブル.商品コード
WHERE 売上テーブル.会員コード = '00001';
```

このように、データを「2次元のテーブル」として保存して、テーブル間の「関係性」を定義し、データを「SQL」を使用して検索したり更新することが、RDBの主な用途となります。

⊙NoSQL

NoSQLとは「Not only SQL」の略です。「RDB以外のデータベースの総称」と考えておけばよいでしょう。

NoSQLには「キー・バリュー型」「ドキュメント指向型」「グラフ型」など様々な種類があります。また一般的に「スキーマが柔軟に定義できる」「スケーラビリティが高い」等の、普通のRDBにはない特徴があります。

スキーマとは、RDBの「行」「列」「表」のような、そのデータベースの「構造」のことです。RDBの場合はスキーマを必ず事前に定義しておく必要がありますが、NoSQLの場合は必ずしもスキーマを事前に定義しておく必要はありません。

「スケーラビリティが高い」というのは、要するにアクセス数やデータの容量が増大しても、それに合わせてデータベースを拡張することが比較的容易であるということです。一般的にRDBの場合はNoSQLほど拡張は容易ではありません。

Web業界では「キー・バリュー型」のNoSQLである「Memcached（メムキャッシュディー）」や「Redis（レディス）」がよく使われています。

4-4 インフラエンジニアの必須知識

この節ではインフラエンジニアの必須知識に関して説明します。Web業界においては、よほど巨大なサービスでない限りオンプレミスではなくクラウドが選択されることが一般的なので、「インフラエンジニア＝クラウドエンジニア」という前提で解説します。

クラウド

Web系自社開発企業で使われるクラウドのシェアはAWSがほぼ9割以上を占有していますが、最近はGCPを選択する企業も増えてきています。Web業界でインフラエンジニアをやるならば、最低限AWSかGCPのどちらかのクラウドの各種サービスに関しては精通しておく必要があります。

例えば一般的によく使われるサービスだけでも、VM（仮想マシン）、コンテナ、サーバレス、ストレージ、RDB、NoSQL、全文検索、メッセージキュー、認証、権限管理、証明書管理、CDN、DNS、メール送信、CI/CD、ログ、監視、分析、セキュリティなどがありますが、こういったサービスの構築方法や運用方法に関して十分に把握しておく必要があります。

その他、ネットワークの知識、各種サービスの冗長化の知識、バックアップや障害時のフェイルオーバーに関する知識など、様々な知見が必要になります。

インフラのコード化

Web業界においては、クラウドのインフラはコードで管理することが一般的になってきています。古いサービスの場合はまだ手順書で管理されていることも多いですが、モダンなWeb系自社開発企業で新規に開発されるサービスの場合は、インフラの構築にはIaC（Infrastructure as Code：インフラのコード化）用のツールが使用されています。

AWSの場合はCloudFormation（クラウドフォーメーション）、GCPの場合はDeployment Manager（デプロイメントマネージャ）、そしてどちらのクラウドにも対応しているTerraform（テラフォーム）等のIaCツールに関しては習熟しておく必要があります。

シェルスクリプト

インフラエンジニアは基本的に開発には携わらないのでコードを書く機会はあまり多くありませんが、作業効率化や各種自動化処理のためのシェルスクリプトのスキルは必須になります。

シェルスクリプトは、一般的なプログラミング言語と比較するとかなり機能が限定的なことに加えて特殊なルールも多く、独特なノウハウが必要になるため習熟するまでにやや学習工数が必要になりますが、使いこなせると非常に強力な武器になります。

4-5 フロントエンドエンジニアの必須知識

この節ではフロントエンドエンジニアの必須知識に関して説明します。

Webブラウザの知識

フロントエンドのプログラムはブラウザ上で動作しますので、Webブラウザの基礎知識や各種Webブラウザの特徴について理解しておくことは重要です。

ブラウザは様々なコンポーネントによって構成されていますが、コンテンツを表示するためのHTMLレンダリングエンジンやDOM（Document Object Model）の基本概念、JavaScriptエンジン（インタプリタ）等の基本知識をしっかり学習して、ブラウザでページが表示されるまでの一連の処理に関して理解を深めておく必要があります。

また、ブラウザごとに異なるレンダリングエンジンの挙動の違い、開発者用ツールの使い方等に関しても十分に把握しておいた方がよいでしょう。

HTML/CSS

HTMLやCSSの基本的な文法を理解することは当然として、UI/UXデザインの基礎、レスポンシブデザイン、SEOの基礎、OGP等に関してもしっかり理解しておく必要があります。

JavaScript/TypeScript

フロントエンドエンジニアの最重要技術であるJavaScriptだけでなく、最近のWeb業界でほぼスタンダードになりつつあるTypeScriptも使いこなせるようになっておく必要があります。

また、実行環境であるNode.js、パッケージ管理ツールであるnpmとyarn、バンドル用のツールであるwebpack（ウェブパック）、トランスパイラのbabel（バベル）等の理解も重要です。

> Webpackは、主に複数のCSSファイルやJavaScriptファイルを一つにまとめる処理をおこなうツールです。babelは、新しいバージョンの方式で書かれたJavaScriptのコードを、古いブラウザでも動作可能なように構文変換をおこなうためのツールです。

その他、ESLintやPrettier（プリティア）といったLinter/Formatter、およびJest（ジェスト）等のテストフレームワークの知識も必須になります。

フレームワーク

Web系自社開発企業のフロントエンド開発においては、第8章で紹介するSPA（Single Page Application）という方式が主流のため、そのためのフレームワークであるVue.js、React、Angular等の知識が必要になります。

またチームによっては、これも第8章で紹介するSSR（Server Side Rendering）用のフレームワークであるNuxt.js（ナクストジェイエス）やNext.js（ネクストジェイエス）等の知識が必要になる場合もあります。

4-6 iOSエンジニアの必須知識

この節ではiOSエンジニアの必須知識に関して説明します。

SwiftやXcode等の知識

Web系自社開発企業におけるiOSアプリの開発用言語は、現在は基本的にSwift一択です。Objective-Cで作られている古いアプリも現役ですが、モダンな企業の新規開発においてObjective-Cが選択されることはほぼありません。

また開発環境もXcode以外の選択肢は存在しないため、Web系エンジニアの他の職種と比較すると技術選択の幅が狭いというデメリットはありますが、投資対効果の高い技術がはっきりしているというのはメリットでもあります。いずれにしてもSwiftとXcodeに関してはしっかり理解しておく必要があります。

その他、iOSのHIG（Human Interface Guideline）に関する知識、UIKit、SwiftUI、Storyboard、AutoLayout等のUI関係のライブラリやツールの知識、CocoaPodsやSwift Package Manager等のパッケージマネージャの知識、XCTest等のテストフレームワークの知識も必要になります。

アーキテクチャパターン

例えばバックエンドのフレームワークであるRuby on Railsが「MVC（Model View Controller）」というアーキテクチャを採用しているように、ある程度の規模のiOSアプリ開発の際には何らかのアーキテクチャパターンが適用されることが一般的です。

具体的には、MVC（Model View Controller）、MVP（Model View Presenter）、

MVVM（Model View ViewModel）、VIPER（View Interactor Presenter Entity Routing）等のアーキテクチャパターンがあります。
どのアーキテクチャが採用されるかはチームの方針次第ですが、各アーキテクチャの概要についてはある程度理解しておく必要があります。

4-7 Androidエンジニアの必須知識

この節ではAndroidエンジニアの必須知識に関して説明します。

KotlinやAndroid Studio等の知識

Web系自社開発企業におけるAndroidアプリの開発用言語は、iOS開発におけるSwiftがそうであるように、現在は基本的にKotlin一択と考えてよいでしょう。開発環境もAndroid Studio以外を選択する必要はありませんので、注力すべき対象はかなり明確です。
その他、Material DesignというUIデザインフレームワークの知識、ActivityやFragment等の基本クラスに関する知識、ライフサイクルに関する知識、Android SDKの知識、AVD（Android Virtual Device）というエミュレータの知識、ビルドツールであるGradle（グレイドル）の知識、Jetpack（UIコンポーネント、データベースライブラリ、UIテストフレームワーク等がひとまとまりになったもの）の知識等、様々な知見が必要になります。
iOS開発と同様に最近は何らかのアーキテクチャパターンが採用されることが一般的です。Android開発の場合はMVVMが主流になっています。

第5章

Web系エンジニアの働き方

この章ではWeb系エンジニアの働き方を紹介します。

5-1 Web系自社開発企業の開発フロー

この節ではプロダクトオーナーとインフラエンジニアとバックエンドエンジニアとフロントエンドエンジニアが、数人でチームを組んでWebサービスを開発するという仮定で、Web系自社開発企業における開発フローを説明します。

プロダクトオーナーは、Webサービスやスマホアプリといったプロダクトの責任者です。どういった機能を実現するか/しないか等に関する最終的な意思決定をおこない、プロダクトの価値を最大化することがミッションです。一般的には開発に直接携わらないメンバーが担当します。

Web系自社開発企業のサービス開発におけるメンバー構成は多種多様です。エンジニア1人で全ての工程を担当する場合もありますし、大規模プロジェクトになると数十名以上のエンジニアが参加する場合もあります。

企画

まずは「どのようなユーザにどのような価値を提供するのか」ということを決める必要があります。一般的にはエンジニア以外の職種の人達によって決定されることが多いですが、企画段階からエンジニアが参加するケースもあります。

世の中に必要とされていないサービスを開発して時間や労力を浪費してしまうことを避けるために、「LP」や「MVP」を先に作って、サービスに対するニーズがあるかどうかを検証する企業も増えています。

LPは「Landing Page（ユーザが最初に訪問するページ)」の略です。実際にはまだ開発していないサービスを紹介するWebページや動画を作成し、それに対してユーザがどの程度関心を持ったかを計測してサービスのニーズを検証することができます。

MVPは「Minimum Viable Product（実用最小限の製品)」の略です。ユーザに最低限の価値を提供できるプロトタイプ的なWebサービスやアプリを短期間で開発して、それを使ってニーズを測定することができます。

要件定義

企画の次は要件定義です。要件定義とは「サービスが提供すべき機能要件と非機能要件を明確化すること」です。

⊙機能要件

機能要件とは、「そのサービスがユーザに提供する機能そのもの」です。例えば「商品をお薦めするAPI」を作成する場合は、下記のような項目が機能要件となるでしょう。

会員IDをリクエストとして受け取り、その会員に対するお薦め商品のリストをJSON形式で返す。

商品IDをリクエストとして受け取り、
その商品とよく一緒に購入されている商品のリストをJSON形式で返す。

会員の商品閲覧履歴や商品購入履歴を蓄積して、
会員に表示するお薦め商品のリストを一定時間ごとに更新する。

⊙非機能要件

非機能要件とは、「そのサービスが実現するべき性能や保守性やセキュリティ等の要件のこと」です。少々分かりにくい用語ですが「機能要件以外の全ての要件」と考えておけばよいと思います。「商品をお薦めするAPI」を作成する場合は下記のような項目が非機能要件となるでしょう。

平均レスポンスタイムは20ミリ秒以下とする。

サービスの稼働率は99.9%以上を目標とする。

突発的な大量アクセスが発生した場合でもレスポンスタイムが悪化しないようにする。

将来的に会員数が10倍に増加した場合でも改修せずに運用可能にする。

正社員以外の作業者は本番環境にアクセス不可とする。

レスポンスタイムとは、リクエストを発行してから全てのデータが返されるまでの時間のことです。

SIer系企業とは異なり、Web系自社開発企業では要件定義フェーズにはそれほど大きな工数を確保しないことが一般的です。特にサービス自体の新規開発ではなくAPI等を追加するだけの場合は、提供したい機能や条件が箇条書きされた1ページ程度の要件定義書を渡されて「後は自由にやってください」という風にざっくりとした依頼をされることも少なくありません。

設計

要件定義の後は、インフラやアプリケーションのアーキテクチャ設計や、画面設計作業に入っていきます。アーキテクチャ設計に関しては「アーキテクト」「テックリード」「リードエンジニア」といった役職名の、十分に経験を積んだエンジニアが担当することが多いです。画面設計に関しては専門のUIデザイナーやWebデザイナーに依頼することが一般的です。

◉クラウドの選択

インフラ構成を決定する前にまずはクラウドを選定する必要があります。Web業界の場合はクラウドのシェアはAmazonのAWSが圧倒的ですが、「そのクラウドでしか使えないサービス」の使用を目的として他のクラウドが選択されることもあります。Web業界ではAWS以外にはGoogleのGCPが比較的よく使われています。

⊙インフラ構成の決定

クラウドを選定した後は、要件を実現するために必要なサービスの検証作業をおこないます。例えば「商品をお薦めするAPI」を作成する場合は「ECSを使うかEKSを使うかLambdaを使うか」「データベースにはRDSを使うかDynamoDBを使うか」等を、実際にそれらのサービスを試用して検証していくことになるでしょう。

> 上記で登場したキーワードはそれぞれAWSのサービスの名称です。特に覚える必要はありませんが、興味のある方は巻末で紹介している参考資料をご参照ください。

クラウドのインフラ構成が決まった後には構成図を作成しておくことが一般的です。

図｜**AWSの構成図の例**

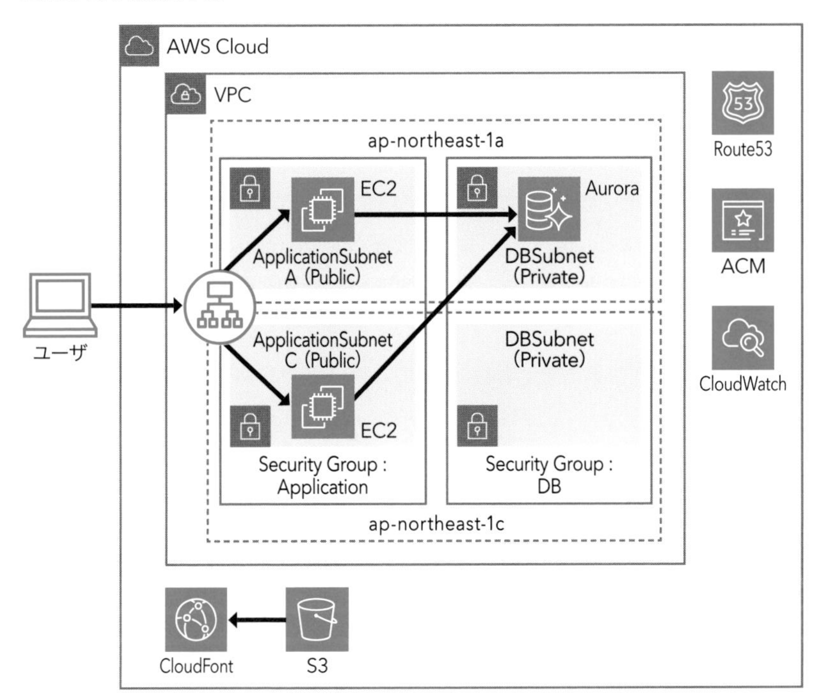

⦿ネットワーク構成の決定

クラウドを使用する場合、構成図以外にも、「VPC」「サブネット」「セキュリティグループ」等のネットワーク設計をドキュメント化しておく必要もあります。

⦿コスト試算

クラウドの構成を決定する際には「運用コスト」も非常に重要な要素になります。多くのサービスでは「開発環境」「検証環境」「本番環境」等の各環境ごとにそれぞれインフラを構築しますので、環境別の試算が必要になります。

⦿画面設計

インフラのアーキテクチャ設計等と並行して、画面遷移図やワイヤーフレーム（画面レイアウトをシンプルな図で表現したもの）を作成します。画面のおおよその概要をプロダクトオーナーが書き出して、それを専門のUIデザイナーやWebデザイナーが実際のデザインに落とし込んでいくという方式が比較的多いです。

⦿API設計

要件定義書や画面設計書を元に、バックエンドのプログラムが提供するAPIの仕様書を作成します。APIの仕様書は「OpenAPI」という、第4章で説明したREST APIを定義するための標準仕様に従って作成されることが一般的です。

REST API以外にも、最近はGraphQL（グラフキューエル）やgRPC（ジーアールピーシー）といったAPI定義手法が選択されるケースも増えてきています。

⦿言語/技術選定

開発に使用するプログラミング言語やライブラリ、バックエンドとフロントエンドのWebフレームワークの選定等をおこないます。

その企業の標準プログラミング言語（例えばRubyとJavaScript）や標準

Webフレームワーク（例えばRuby on RailsとVue.js等）がある場合はそれが選択される場合が多いですが、チームの方針として「技術的チャレンジ」が許容されている場合は、その時にトレンドになっている言語やWebフレームワークが使用される場合もあります。

一つの企業内で色々な言語やWebフレームワークを使いすぎると学習コストが高くなり開発効率に悪影響があるため、技術選定に関してはある程度の制限が設けられている場合が一般的です。

また、難易度が高すぎたり、事例の少なすぎる技術を使ってしまうと、そのサービスの保守性が悪化していわゆる「技術的負債」になってしまうため、技術選定に関しては色々な要素のバランスを十分に考慮することが必要になります。

◉開発フローの設計

チーム開発をスムーズに進めていく上で必要な様々なルールや手順を決定したり、各種ツールの選定等をおこないます。

例えばソースコードを管理するためのGitリポジトリの構成やブランチ構成の決定、プルリクエストやコードレビューのルールの制定、タスク管理方法の決定やタスク管理ツールの選定、CI/CD用のツールの選定、コーディング規約の制定等がこの作業に含まれます。

リポジトリとは、ソースコードやファイルの履歴を管理するためのデータベース的なものと考えればよいでしょう。ブランチとは、履歴を分岐させて並列作業をやりやすくするための機能のことです。

Scrum（スクラム）開発をおこなう場合は、スプリント期間、デイリースクラム（朝会）の時間帯、スプリントレトロスペクティブ（振り返り）やスプリントプランニングをおこなう曜日および時間帯等も決定する必要があります。

Scrumに関しては第8章で紹介します。

開発

設計が完了した後はいよいよ開発作業に入っていきます。

個別の機能の開発に入る前に、アプリケーション全体の構造（アーキテクチャ）やディレクトリ構成をある程度決めて、リクエスト/レスポンス処理やデータベースアクセスやログ出力等の、基盤となるコードを開発していきます。LinterやFormatterの設定等もここで決定されます。

基盤となるコードが確定した後は、フロントエンドとバックエンドの開発者は担当するタスクを粛々と消化していきます。自動テスト（単体テスト/統合テスト）用のコードも開発作業の中で記述されます。

> 最近のWebサービスの開発においては、フロントエンド用のGitリポジトリとバックエンド用のGitリポジトリは完全に分離されることが多くなっています。

一般的には、開発者は下記のような手順をタスクごとに繰り返していくことになります。

❶一つのタスクごとに一つのGitブランチ（作業ブランチ）を作成
❷何らかの機能や改修を実装
❸単体テストや統合テストを実装
❹GitHub上でプルリクエストを作成
❺チームメンバーからのレビューを受け、改善点があれば修正
❻プルリクエストをマージ

> プルリクエストとは、あるブランチでおこなった変更を他の開発者に通知してメインブランチへのマージを依頼する機能のことです。コードに対するレビューはプルリクエスト上でおこなわれます。

テスト

テスト作業に関しては、開発作業の中に含まれている場合と、開発とはまた別に何らかの「テストシナリオ」を作ってテストする場合とがあります。

Web系自社開発企業では自動テスト用のコードを開発作業内で書くことが一般的ですが、それだけで全てをカバーできるわけではないので、エンジニアもしくはテスターによる手動テストも必要になります。

SIer系企業と違ってテスト時に画面キャプチャ等を取ったりするケースは滅多にありません。テストケースの表を作ってそれを一つずつ検証していくという方式が一般的です。

保守/運用

アプリケーションは本番にリリースすればそれで作業完了というわけではありません。本番リリース後は保守/運用作業が始まります。

アプリケーションに問題が発生していないかどうかを監視するためにモニタリングツールを導入したり、アクセスログやエラーログ等を分析するために分析ツールを導入したりする必要もあります。

新しい機能の追加や修正作業も大量に発生します。一部のコードを改修するだけの作業はサービスをゼロから開発することと比較すると難易度が低いため、実務未経験からジョブチェンジしたエンジニアは最初はこの工程からキャリアを開始するケースが一般的です。

その他

iOSアプリやAndroidアプリの開発フローも基本的にはこの節で説明した流れと同様です。Webサービス開発におけるフロントエンドエンジニアが担当していた箇所を、スマホアプリ開発においてはiOSエンジニアもしくはAndroidエンジニアが担当すると考えればよいでしょう。

また一般的に、最初からiOSアプリとAndroidアプリの両方をリリースするケースはあまり多くありません。2つのプラットフォームに対応しようとすると工数も当然増えるため、まずはどちらかのプラットフォームだけでリリースすることの方が多いです。

第8章で説明する「クロスプラットフォーム開発ツール」を使用すれば、(色々な制約はありますが) iOSとAndroidの両プラットフォームに対応したアプリを開発することも可能です。

5-2 Web系エンジニアの仕事内容

この節では、Web系エンジニアの仕事内容を紹介します。

1日のスケジュール

Web系エンジニアの1日は「粛々とタスクを片付けていく」ことが基本になります。

バックエンドやフロントエンド等、職種によって多少の違いはあるものの、プログラムを書くことが主業務のエンジニアの場合は、午前中に出社して、開発作業をおこなって、昼食をとって、ミーティングがあれば出席して、定時もしくは作業のきりのよいところまで作業をして退勤するという感じの、ごくごく普通のスケジュールが一般的です。

筆者の場合、朝10時頃にオフィスに出社して、特にミーティング等がなければ、食事等の休憩時間以外はそのままひたすらパソコンに向かって黙々と作業をして19時頃には帰宅する、という感じになることが多いです。

リモートワークを許可している企業も多いですが、Web業界でも自社オフィスに出社して作業することが義務付けられているケースの方が一般的です。

Scrumという開発スタイルを採用しているチームの場合は基本的に毎日「朝会」が実施されます。その他「レトロスペクティブ」という、チーム全体の長めの振り返りミーティング等が定期的におこなわれます。

リーダーやマネージャー系の役職の場合はミーティング業務等が多くなります。特にマネージャーの場合はほぼ1日中会議やミーティングでスケジュールが埋まってしまうということも珍しくありません。

一部の、フルリモートで働くフリーランスエンジニアの場合は、昼過ぎに起きて深夜まで働くというスタイルの人もいます。

コミュニケーション

チーム内でのコミュニケーションは口頭もしくはSlack等のチャットツールが中心となります。電子メールはほとんど使われません。リモートワークになると1日中誰とも対面での会話がない場合もあります。

チャットツールは、メンバー同士のコミュニケーションだけでなく、例えば定期ミーティング10分前の事前通知や、GitHub上でプルリクエストのレビューを依頼された場合の通知や、アプリケーションで障害が発生した場合の通知等、様々な用途で活用されています。

チャットツールとクラウドサービスを連携させて、チャット上でアプリケーションのデプロイその他の運用作業をおこなう「ChatOps（チャットオプス）」という運用スタイルを導入しているチームもあります。

タスク管理

各エンジニアの仕事は基本的にタスクツールで管理されています。日報や週報が義務付けられているチームもあります。

経験の浅いエンジニアの場合はリーダーからアサインされたタスクを担当することになりますが、ある程度経験のあるエンジニアの場合は自分でタスクを選ぶことが可能です。もちろんプロダクトオーナーやリーダーの同意は必要ですが、やりたくないタスクを強制的に押し付けられるケースはあまり多くありません。

オフィス環境

優秀な人材に興味を持ってもらうためにオフィス環境に力を入れている企業もあれば、いたって普通の企業もあります。創業間もないスタートアップ企業の場合はマンションの一室やコワーキングスペースがオフィスになる場合も多いです。

自席以外でも作業可能なように、どこでも自由に座れるスペースを設けている企業もあります。簡単な打ち合わせ用に壁をホワイトボード代わりに使用可能にしている企業も多いです。

高層ビルの上層階にある企業の場合はお弁当の社内販売サービスを用意していることが多いです。社内食堂を設置している企業もあります。

採用支援

正社員エンジニアとしての在籍期間が長くなったり、リーダー的なポジションを任されるようになると、採用面接に立ち会うケースも増えていきます。

また、Web系自社開発企業では「リファラル採用」と言われる「社員からの推薦や紹介による採用活動」も非常に盛んなため、そういった活動を支援することもあります。自分の紹介した人材が社員として入社すると数万円～数十万円程度の紹介報酬が支払われる方式になっていることが一般的です。

エンジニアブログの執筆

Web業界では「エンジニアブログ」と言われる、自社のエンジニアが持ち回りで技術情報を発信するためのブログを持っている企業が少なくありません。

基本的にはリクルーティングが目的であり、仕事の一つでもあるので、プライベートではなく業務時間を使ってエンジニアが記事を書くことが一般的です。

新しい技術をテーマにした記事の方が注目されやすいため、業界内での認知度とリクルーティング力を高める上では、新しい技術を使っている企業の方が一般的には有利になります。

勉強会やイベントへの登壇

Web業界ではIT系の勉強会やイベントが毎日のようにどこかで開かれていますが、こういったイベントに登壇して技術的発表をおこなうと同時に、人材採用を目的として企業のアピールをすることも一般的です。

仕事の一環なので、この場合も登壇資料は業務時間を使って作成することができます。ただしページ数が多くなると業務時間だけでは足りないため、プライベートの時間も資料作成に使っているエンジニアが実際には多いです。

勉強会やイベントで登壇すると、参加者から話しかけられる機会も増え、また登壇者同士での繋がりも形成されるため、本来の目的である企業のリクルーティング活動以外に、登壇者個人の人脈構築手段としても非常に有効です。

第6章

Web系エンジニアになる方法

この章ではWeb系エンジニアになるための具体的な方法を紹介します。

6-1 社会人がWeb系エンジニアになる方法

この節では、社会人の方がWeb系エンジニアにジョブチェンジするための方法（Web系自社開発企業にエンジニアとして転職する方法）を紹介します。間口の最も広いバックエンドエンジニアへのジョブチェンジを例にします。

筆者がお薦めしているルートはこちらの図のようになります。以下一つ一つ順番に解説していきます。

図｜社会人がWeb系エンジニアになるためのお薦めルート

MacBook Proを購入する

多くのWeb系エンジニアは開発マシンとしてMacBookを使用しているということは既に説明しましたが、WindowsマシンでWeb系の開発環境を整えようとすると無駄な時間を浪費してしまうケースが多いため、筆者は最初からMacBookを使用してプログラミングの学習を開始することを推奨しています。

筆者の観測範囲内でも、Windowsマシンで学習を始めてしまい環境構築等の問題が発生して進捗に大きな支障が出てしまっている方をよく見かけますが、標準的なスペックのMacBook Proであれば10万円台中盤で購入できますし、Web系エンジニアになればいずれにしてもMacの使い方は覚えざるを得ないので、この初期投資を渋るのは賢明な選択ではありません。

学習用に購入するMacBook Proのスペックとしては「13インチ」「Retina Display」「メモリ8GB」「SSD512GB」といった最低限の条件をクリアしていれば十分でしょう。外部ディスプレイ（解像度は可能であれば4K）も導入しておくと学習効率はさらに高まると思います。

予算に余裕がある方であれば、メモリは16GB、SSDは1TBを選択しておくとよいでしょう。

QiitaおよびTwitterアカウントを作成する

Qiita（キータ）はIT業界では非常に有名な技術ブログサービスです。多くのエンジニアがQiitaを使って様々な技術記事を公開しています。

採用活動において、応募者が実務未経験であっても「技術情報を頻繁にアウトプットしているかどうか」をチェックするWeb系自社開発企業は多いため、Web系エンジニアを目指すのであれば、なるべく早めにQiitaにアカウントを作成して、学習内容をアウトプットしていく習慣をつけることをお薦めします。

投稿頻度は月に数本程度で問題ありません。内容も初歩的なもので十分です。

また、Twitterでのアウトプットをチェックする企業も多いため、まだTwitterアカウントを持っていない人は早めに作成して、こちらでも日々の学びを投稿していくとよいでしょう。転職活動時に企業側に好印象を与えられる可能性が高まります。

既に個人用のTwitterアカウントを持っている人はそのままそれを使っても問題ありませんが、人間性を疑われるようなツイートを発見されて評価を大きく下げられてしまう可能性もありますので、発言内容には十分に注意する必要があります。心配な場合はプログラミング学習専用のアカウントを作った方がよいでしょう。

Web開発の基礎を学ぶ

独学するかプログラミングスクールに通うかはその方次第ですが、少なくともバックエンドエンジニアにジョブチェンジする上で必要な学習内容はほぼ確定しています。以下一つずつ順番に解説します。

必ずしも以下の順番通りに進める必要はなく、例えばHTML/CSS/JavaScriptをコンピュータサイエンス基礎やLinux基礎よりも先に学習してしまっても問題ありませんが、ポートフォリオの作成に入る前には全て一通り学習を完了させておくことをお薦めします。

また、この内容を学習すればポートフォリオ作成のために必要な知識が全て習得できるというわけではありません。あくまでも「Web系エンジニアにジョブチェンジできるレベルの作品を作るための"準備"として最低限この程度は学習しておく必要がある」ということです。

⊙コンピュータサイエンス基礎

巻末の付録で紹介しているような「コンピュータの動く仕組み」「OSとアプリケーション」「ネットワークとサーバ」「データベース」等の、コンピュータサイエンスの基礎知識は、プログラミング学習を効率的に進める上では必須となります。

プログラミングをちょっとだけ体験してみたいという程度であれば必要ありませんが、Web系エンジニアにジョブチェンジすることが目的ならば、コンピュータサイエンス基礎の学習を避けて通ることはできません。

ただし難解な専門書に取り組む必要はなく、「基本情報技術者試験」の評判のよい参考書を何か一つ最初から最後までざっと学習してみるという程度で十分です。

またこの際、参考書に書いてあることを全て理解しようとする必要はありません。実際に自分で手を動かしてWebサービスを作ってみないと意味が分からない箇所は多々ありますので、この時点では理解できていなくても「そういうものがあるんだな」ということが認識できていれば問題ありません。

⊙Linux基礎

Web系エンジニアが開発で使用するOSは基本的にLinux（もしくはUNIX派生OS）なので、Linuxの基礎知識、基本コマンド、シェルスクリプト、ユーザ管理、ファイル管理等に関してある程度把握しておくことは非常に重要です。

MacのOSもUNIX派生OSなので、Linuxを勉強しておけばMac上での開発作業も非常にスムーズになります。

⊙HTML/CSS基礎

バックエンドエンジニアを目指す上でも、HTMLとCSSの基礎知識はある程度必須となります。

特に、転職活動用のポートフォリオの第一印象を大きく左右するのはバックエンドではなくフロントエンドのUI/UXなので、HTMLとCSSに関してはしっかり学習しておきましょう。

⊙JavaScript基礎

HTMLとCSSをある程度理解した後は、JavaScriptの学習をやっておきましょう。こちらも転職活動用のポートフォリオを作成する上では必須の技術です。

ここで初めて実際のプログラミング言語に触れることになりますが、JavaScriptでプログラミングの学習を始めることは「ブラウザで動作が確認できるため環境構築の必要がない」という大きなメリットがあります。

Ruby等の他のプログラミング言語の学習をおこなうためには言語やライ

ブラリのインストール等の環境構築作業が必要になりますが、この作業は初学者の人たちにとってはかなりハードルが高くここで挫折してしまう人も多いため、その作業を省略して手軽にプログラミングを体験できるJavaScriptは、入門としては最適だと思います。

JavaScriptを最初に学ぶ上ではエディタは何を使っても問題ありませんが、学習がある程度進んだら、VSCode等のやや高度なエディタやIDEを使い始めてみるとよいでしょう。

⦿Ruby基礎

ここからいよいよバックエンドの言語の学習に入っていきます。Web業界で使われているバックエンドの言語は第4章で紹介したように様々な種類がありますが、筆者が「Web系エンジニアにジョブチェンジするための言語」としてお薦めしているのはRubyです（Rubyをお薦めしている理由は後述します）。

既にJavaScriptでプログラミング言語への入門が完了していれば、Rubyの学習に入っていくのはそれほど難しいことではありません。ただし学習のための環境構築でつまずいてしまう可能性はあるので、もし環境構築がどうしてもうまくいかなければ最初は「Cloud9（クラウドナイン）」というWebサービスを利用するとよいでしょう。

Cloud9はWeb上でアプリケーションの開発がおこなえるサービスです。環境構築が不要というメリットがあるため、Cloud9を使って授業を進めているプログラミングスクールもあります。

学習範囲としては、この後の節で紹介しているような教材の内容をしっかり学習しておけばこの段階では十分です。

⦿RDBとSQL基礎

RDBとSQLもバックエンドエンジニアの必須知識です。テーブル設計の基礎、正規化、DDLとDMLとDCL、トランザクション、デッドロック等の基本知識をざっと学習しておく必要があります。

DDLは「データ定義言語」、DMLは「データ操作言語」、DCLは「データ制御言語」の略です。説明は省略しますが、SQLは基本的にこの3種類で構成されています。

RDBもSQLも非常に奥の深い分野ですが、初学者の段階ではこの後の節で紹介するような入門教材をざっと勉強しておけば十分です。

⦿GitとGitHub基礎

既に本書で何度も紹介していますが、ソースコード等のバージョン管理に使用するGitとGitHubも全Web系エンジニアの必須知識です。

Gitの使い方や基本コマンド、およびGitHubでのプルリクエストやマージの方法等、実際に手を動かしながら基礎的な知識をしっかり学習しておきましょう。

⦿Ruby on Rails基礎

Rubyでポートフォリオを作成する場合、Webフレームワークは基本的にRuby on Rails（通称「Rails」）を使うことになりますので、成果物の作成に入る前の最後の準備として、Railsの基礎をざっと学習しておきましょう。

Railsの学習教材は色々ありますが、公式のチュートリアルである「Ruby on Rails チュートリアル」は、やや難易度は高めですが入門用として非常に評価の高い教材ですので、実際に手を動かしながらこちらを一通り学習しておけば十分でしょう。

column

ポートフォリオにRubyとRailsを選択することが得策である理由

バックエンドエンジニアになることを前提としてWeb業界への

ジョブチェンジを目指す際に、言語にRuby、Webフレームワークにrailsを選択することが現時点で最も無難と考えられるのは、

❶ RubyとRailsを使っている企業の技術環境はモダンである可能性が高い
❷ Web業界における実務未経験者への潜在的求人数が十分にある
❸ 日本語の学習リソースが豊富に揃っている
❹ RubyとRailsを扱えるエンジニアの数が十分に多い

といった理由によるものです。

❶に関しては、RubyとRailsを使っているWeb系自社開発企業は「パッケージマネージャを使用している」「単体テストや統合テストをしっかり書いている」「LinterやFormatterを活用している」「コードレビューをおこなっている」「CI/CDパイプラインを導入して自動テストや自動デプロイをおこなっている」等、モダンなWeb開発における最低限の基本要素は大抵の場合しっかり押さえており、エンジニアの平均レベルも高い場合が多いので、実務未経験者がスキルアップする上での望ましい条件が揃っています。

❷に関しては、Railsで作られている既存のWebサービスはWeb業界内に大量に存在するため、実務未経験者でも担当可能な保守改修業務のニーズ、つまり実務未経験者に対する潜在的な求人ニーズが十分にあります（「Wantedly（ウォンテッドリー）」等の、Web業界に強い求人サービスでRailsとその他の言語のWebフレームワークの求人を検索してその数を比較してみると、Railsの求人数が現時点では最も多いということもすぐに分かると思います）。

❸に関しては、RubyとRailsは日本で非常に人気が高いため、日本語で書かれた入門用の書籍や教材や記事が既に大量に存在するので、そうでない言語やフレームワークと比較すると初学者が学習し

やすい（挫折しにくい）という特徴があります。

❹に関しては、例えば学習中に分からない箇所が出てきても、RubyとRailsを扱える日本人エンジニアは多数存在するため、ネットの技術コミュニティ等で質問すると回答を得やすいというメリットがあります。

他の言語やWebフレームワークもこれらの条件の一部は満たしていますが、例えばPHPは歴史的な経緯によりモダンな環境の企業とレガシーな環境の企業の当たり外れが大きいという問題があり、Pythonはまだバックエンドの言語としては日本ではRubyほど使われておらず、Javaの場合はSIer業界では広く使われているがWeb業界ではRubyほどは使われていない、というように、全ての条件をRubyとRails以上に満たしている言語やWebフレームワークは現時点では存在しません。

将来的に別の組み合わせに変化していく可能性はありますが、現時点では「モダンなWeb系自社開発企業に潜り込むための言語とWebフレームワーク」として、RubyとRails以外を選択する決定的な理由は存在しないと考えてよいでしょう。

質の高いポートフォリオを作成して公開する

必要な学習が一通り完了したら、いよいよポートフォリオ作成作業に入ります。

バックエンドエンジニア志望の場合は何らかのWebサービスを開発して、インターネット上で公開し、ソースコードをGitHubにアップする必要があります。

Railsで作られたWebアプリケーションをインターネット上でとりあえず公開してみたい場合は「Heroku（ヘロク）」というPaaS（パース：Platform as a Service）を使用することが一般的です。

基本的にはその人の作りたいWebサービスを作ればよいのですが、筆者は「メディア系のWebサービス」をお薦めしています。

第2章でも説明しましたが、ニュース系のWebサイト、note等の記事投稿サイト、FacebookやInstagramやTwitter等のSNS等がメディア系のWebサービスに該当します。

Web系自社開発企業が運用しているWebサービスの種類は多種多様ですが、どういったサービスも多かれ少なかれメディア系の機能を持っていることが多いため、メディア系のポートフォリオを作っておく方が応募先企業の選択肢がより広くなります。

また、Railsチュートリアル等の教材も基本的にメディア系Webサービスの開発を題材にしている場合が多く、参考になるメディア系Webサービスも世の中に大量にあるため、他の分野と比較すると開発がやりやすいというメリットもあります。

その他の分野、例えばゲーム系のWebサービスを作ったりするのが絶対に駄目ということではありませんが、ゲーム業界に就職したいというわけではないならば避けておいた方が賢明でしょう。

また、メルカリのようなEC系のサービスをポートフォリオで作ろうとする方も多いですが、企業側の担当者がポートフォリオをチェックする際にわざわざクレジットカード等の情報を登録して決済系の機能を実際に使ってくれることはまずありません。つまり「機能を作りこんでも評価に繋がりにくい＝労力の無駄」になってしまう可能性が高いため、EC系のポートフォリオも避けておいた方が無難です。

column

ポートフォリオで高評価を得るには？

ポートフォリオを評価するポイントは企業側の評価者によって様々ですが、基本的には下記のようなチェック項目をしっかりクリアできていれば、どういった評価者でも十分に高い評価を得られると考えてよいでしょう。

Web系自社開発企業は実務未経験者を積極的に採用したいとは考えておらず、「優秀そうな人がいるなら実務未経験でも面談の時間を確保してもよい」という程度であり、また作品を評価する担当者も非常に忙しい中でチェックをおこなうため、評価を下げたり印象を悪くする箇所をできるだけ少なくするように、細心の注意を払うことが必要です。

強い問題意識の伝わりやすいテーマを選んでいること

「世の中の様々な問題をテクノロジーで解決して企業のビジネスに貢献すること」がWeb系エンジニアの仕事です。そのため、企業側はそういった業務に対して高いモチベーションで取り組める人材を求めているわけですが、ポートフォリオのテーマが安直すぎると「問題解決に対する熱意」を疑われてしまいます。

例えば「食べ歩きが好きなので飲食店の口コミを投稿できるWebサービスを作る」ことが駄目というわけではありませんが、既に同種の有名サービスが世の中にいくつも存在しておりニーズはほぼ満たされています。つまり「解決すべき問題」が存在しません。

そのため、そういったテーマを選んでも「問題解決に対する熱意」を伝えることはできず、「問題解決をしたいのではなく、条件面に魅力を感じてWeb系エンジニアになりたいと思っている人」という印象になってしまいます。

テーマ選びに絶対の正解はありませんし、後述するように独自性の強すぎるテーマや用途は逆効果ですが、自身の過去の経験の中から「何らかの分野に対する強い問題意識」を見つけてそれを作品に落とし込み、応募時や面接の際に「Web系エンジニアになりたい理由」と「ポートフォリオのテーマ」を関連付けて説明できるようにしておいた方が、企業からの印象はよくなります。

アプリケーションの用途や機能が直感的に理解できること

アプリケーションの用途や機能で独自性を出そうとしたことが裏目に出て、用途そのものや各機能の使い方が直感的に理解できないアプリケーションを作ってしまう人は意外に多いです。

その場合「ユーザの視点から物事を考えることができない人」という悪い評価をされてしまうことになるため、用途に関してはあまりにも独特すぎるものは避けた方が賢明であり、機能に関しても一般的なWebサービスで実装されるものと同様なものを実装しておく方が無難です。

プログラミングスクールで課題として出される「某ECサイトのクローン」や「某SNSサービスのクローン」をそのままポートフォリオとして企業に提出してしまうような、意識の低い応募者は非常に多いため、用途に関してそれらと差別化することは有効な戦略ですが、自分以外の人に用途が直感的に伝わらないようなテーマの作品は避けましょう。

UI/UXが整っていて使い勝手がよいこと

「人は見た目が9割」と言いますが、ポートフォリオに関しても「Webサイトをブラウザで表示した時」や「アプリを実行したとき」の第一印象は非常に重要です。

エンジニアはデザイナーではないので「美しいデザイン」が必要

なわけではないですし、作品の評価は基本的に技術に対しておこなわれますが、評価者も人間なので、UIが崩れていたりバランスが悪かったり素人くさすぎたりすると、どうしても全体の評価がマイナス方向に傾きやすくなります。

アプリケーションの見た目をしっかり整えて、ボタンの位置や画面遷移等も一般的なWebサービスやアプリに合わせて、評価者を混乱させたりしないように注意しましょう。

自分が作ろうとしているアプリケーションと用途が近いWebサービスやアプリを色々と実際に使ってみて、その中で最も一般的なUIや挙動を参考にしてみるとよいでしょう。

レスポンスが高速であること

ボタンを押しても一向にページが表示されなかったり画面遷移が遅かったりすると評価は大きく下がってしまいます。

開発者はどうしても自分自身が作っているサービスには甘くなってしまうので「この程度の速度なら許容範囲内だろう」と考えてしまいがちですが、サービスやアプリを使う側はちょっとした遅延でもすぐに苛ついてしまうものですし、レスポンスが遅いということは必ずどこかに効率の悪い処理をしている箇所があるということなので、転職活動を開始する前にしっかり改善しておきましょう。

ポートフォリオのレスポンス速度のチェックや改善に関しては、Googleの提供している「PageSpeed Insights」というツールを使用してみるとよいでしょう。

リアルなデモデータが十分に登録されていること

例えば「家電の口コミサイト」を作るのであれば、その家電の画像は当然として、家電に対する口コミも「実際にありそうな内容」をできるだけ多く登録しておいた方が、評価者の印象は遥かによくなります。

口コミを投稿するユーザ名も「テストユーザ01」等の適当な名称は避けて、実際の口コミサイトで使われそうなハンドルネームやアバター画像等を登録しておくことが望ましいでしょう。

評価者が「このポートフォリオは商用サイトとして既に実際に運用されている」ような錯覚を感じるデモデータを十分に登録しておくことが理想です。

機能数が十分に多いこと

ポートフォリオでメディア系サービスを作る場合、多くの方が「投稿機能」「投稿一覧機能」「コメント機能」「いいね機能」「フォロー機能」といった、「Railsチュートリアル」に手を加えた程度の機能までは実装しているのですが、ここ数年で実務未経験からのWeb系自社開発企業への転職志望者が非常に増えたということもあり、この程度の機能数では高評価を得ることは難しくなっています。

難易度の高すぎる機能は避けておいた方が賢明ですが、様々なWebサイトやアプリをチェックして、有用そうな機能があればそれを参考にして機能を追加していくとよいでしょう。

「機能数＝熱意」と解釈されてしまう傾向は強いので、少なくとも評価者の方に「たったこれだけ？」と思われてしまわないように、十分な数の機能を実装しておくことをお薦めします。

テストが十分に書かれていること

既に説明したように、Web系自社開発企業では「単体テスト」や「統合テスト」等の自動テスト用のコードを書くことは当然なので、この点もしっかりチェックされます。

最低限「正常系と異常系」「同値分割」「境界値分析」等のソフトウェアテストの基本的な考え方は理解した上で、単体テストだけでなく統合テストもしっかり書くようにすると、プラスアルファの評価を得やすくなるでしょう。

ちなみにRailsでポートフォリオを作る場合は、テスト用のフレームワークとしてはMinitestではなくRSpec（アールスペック）を使うことをお薦めします。現場ではRSpecの方が広く使われています。

不具合がないこと

他の要素がどんなに優れていても、大きな不具合が一つでもあると評価は一気に低くなってしまいます。

積極的に新しい技術にチャレンジした上での多少の不具合は仕方ない面もありますが、十分なテストコードが書かれていれば大抵の不具合は回避できますので、手動によるテストだけでなく「自動テストで不具合を防止する」という意識を強く持ちましょう。

LinterやFormatterが導入され、最低限DRY原則が適用されていること

ポートフォリオのコードサイズは一般的にかなり大きくなるため、評価者側も全てのコードを細かくチェックすることはできませんが、「コードが整形されておらず読みづらい」「定数が使われていない」「重複コードが存在する」ことは非常に目立つため比較的簡単に発見されてしまいます。

DRYとは「Don't Repeat Yourself」の略で、要するに「重複させるな」という意味です。プログラミングの基本原則の一つですが、初学者の方のコードはこの原則を守れていないケースが非常に多いです。

LinterやFormatterに関しては既に第4章で説明しましたが、Rubyの場合はRuboCop（ルボコップ）というツールを使えばコードの静的解析もフォーマットも簡単におこなえますので、こちらは必ず適用しておきましょう。

DRY原則に関しては自分で注意するしかありませんが、ある程度ポートフォリオが完成した後は、文字列リテラルやマジックナンバーを必要に応じて定数化したり、重複コードに関しては共通部分を切り出す等のリファクタリングをおこなってみるとよいでしょう。

文字列リテラルとは、例えばRubyであれば"abc"のようにダブルクォーテーションで囲まれた「文字列そのもの」のことです。文字列以外に「日付リテラル」や「整数リテラル」等も存在します。「コードの中に直接埋め込まれた値やデータ」を「リテラル」と呼ぶ、と考えればよいでしょう。

マジックナンバーとは、例えば「0.1」のように、それ単体ではなにを意味するのかが全く分からない数値のことです。

これに対して「定数」とは、リテラルやマジックナンバーに「名前」を与えた上で、変更を不可にした「名前付きの不変的な値」と考えればよいでしょう。例えばRubyなら「CONSUMPTION_TAX = 0.1」のように定義します。このようにすることで値の意味（この場合は消費税率）が分かりやすくなり、後から値を変更する際も一箇所改修するだけでよいので保守性が高くなります。

GitHubのIssueやプルリクエストを活用していること

ポートフォリオのソースコードはGitとGitHubを使ってバージョン管理をおこなうことが基本になります。最初は単にmasterブランチにソースコードをpushするだけでも問題ありませんが、慣れてきたら下記のような手順で「疑似チーム開発」をやってみましょう（現段階では下記の用語の意味が分からなくても問題ありません）。

❶機能の追加や修正に対応するGitHubのIssueを作成する
❷そのIssueに対応する作業ブランチを作成する
❸作業が完了したらその作業ブランチをGitHubにpushする
❹GitHub上で作業ブランチからプルリクエストを作成する
❺プルリクエストをmasterブランチにマージする

プルリクエストに対して自分でなにかレビューをおこない、それに対して改修をおこなって再pushしたり、あるいは意図的に変更をコンフリクト（衝突）させたりするとさらに勉強になるでしょう。

ポートフォリオを開発する中で上記のような作業をやっておくと、GitとGitHubをある程度使いこなせることの証明になります。

やや難易度が高めの技術にチャレンジしていること

ここまでに列挙した項目は、どちらかと言うと「無駄な減点をできるだけ避けるため」の「最低限必ず実現しておくべきこと」ですが、よりプラスアルファの評価を得るためには「やや難易度の高い技術にチャレンジすること」が効果的です。

例えばRailsでポートフォリオを作った後はHerokuというPaaSを使って公開することが一般的ですが、通常のプログラミングスクール卒業生の方たちもそこまでは大抵辿り着くので、より分かりやすく差別化するためには「インフラにAWSを使用する」等の技術チャレンジが有効です。

ここまでに説明したチェック項目をしっかりクリアした後は、例えば新しい機能を何個追加してもそれほど大きな差別化には繋がらない傾向があります。つまり印象に残りづらく投資対効果が高くないため、より難易度が高くてインパクトの強い技術を導入する方が得策です。

バックエンドエンジニア志望者の方に筆者が特にお薦めしている

のは「Dockerを導入する」「CI/CDパイプラインを導入する」「インフラにAWSを使用する」の3点です。

これらは多くのモダンなWeb系自社開発企業で使用されている重要な技術ですが、Web系エンジニア志望の実務未経験者でこの技術を使いこなせるところまで頑張り切れる人は少ないため、こちらをポートフォリオに導入しておくとその他大勢の応募者に対して分かりやすく差をつけることが可能になります。

この3点を導入する上で筆者がお薦めする手順としては下記になります。

❶まずはポートフォリオをおおよそ完成させてHerokuにデプロイして外部公開する
❷GitHubと何らかのCIツールを連携させてCI/CDパイプラインを構築する（コードがpushされるたびにテストが自動的に実行されるようにして、masterブランチにコードがマージされた際にはHerokuにデプロイが実行されるように設定する）
❸開発環境でDockerとdocker-composeを導入してみる
❹インフラをHerokuからAWSに変更する（EC2やS3やRDS等を導入する。独自ドメインや常時SSL化にも対応する）
❺CIツールからAWSにデプロイできるように設定を変更する

「常時SSL化」とは、HTTPSでのアクセスを強制することです。通信が全て暗号化されるためWebアプリケーション全体のセキュリティレベルが向上します。

CIツールに関しては、現時点では最も情報の多いCircleCI（サークルシーアイ）を使っておくのが無難ですが、最近はGitHub Actions（ギットハブアクションズ）を使う企業も増えていますので、CircleCIに慣れた後はGitHub Actionsにチャレンジしてみてもよいでしょう。

必ずしもこの順序で導入していく必要はありませんが、少なくとも複数の技術を一気に導入しようとすると、なにか不具合や障害が発生した場合の問題の切り分けが非常に難しくなってしまうため、一つずつ導入していくことを心がけましょう。「複数の変更を同時におこなわない」「複数の難しい作業をまとめて片付けようとしない」というのはソフトウェア開発における鉄則でもあります。

フロントエンドエンジニアにも興味のある方は、Vue.jsやReact等のフロントエンドのフレームワークを導入して、アプリケーションをSPA化してみるのもよいでしょう。

また、ポートフォリオで使用した技術は必ずREADMEに記述しておきましょう。その他、データベースのER図や、AWSを導入した場合は第5章で説明したような「インフラ構成図」も掲載しておくとよいでしょう。

READMEはそのアプリケーションの説明を記述するためのドキュメントです。ポートフォリオには必ず含めることになります。

ER図（Entity-Relationship Diagram）は、データベースのテーブル同士の関係を表した図のことです。

転職活動をおこなう

質の高いポートフォリオが完成したら、それを携えていよいよ転職活動に入ります。

実務未経験からWeb系エンジニアへのジョブチェンジに挑戦する際に主なターゲットになるのは「エンジニア数が数名〜10名程度のWeb系スタートアップ企業」です。

いわゆる「メガベンチャー」と言われる大規模Web系企業に実務未経験の方がいきなり転職するのは非常に難しいので、こちらは選択肢に含めない方が賢明です。

メガベンチャーの実務未経験枠は主に有名大学の理系学部や理系大学院の新卒者で占有されます。

第2章で説明した「Web受託系企業」も、技術レベルは十分に高い場合があるのでそういった企業を応募先の選択肢に含めてもよいでしょう。ただし受託開発ということはSES系企業と同様に「案件ガチャのリスクがある」ということになりますので、そのことは十分に理解しておきましょう。

Web系スタートアップ企業の求人が豊富に掲載されている求人サービスは主に「Wantedly（ウォンテッドリー）」と「Green」になります。特にWantedlyに関してはWeb系エンジニアへのキャリアチェンジにおいてはデファクトスタンダード的な求人サービスになりますので、必ず登録してしっかりしたプロフィールを掲載しておきましょう。

転職サービスに登録した後は自分で企業を検索して応募していくことになります。Railsでポートフォリオを作った人ならばまずは「Rails」で検索して、その中から自分の希望条件に近い企業を絞り込んでいけばよいでしょう。

ただし、ポートフォリオをRubyとRailsで作成したからと言って、Railsを使っている企業に応募先を限定する必要はありません。他の言語やフレームワークを使っている企業であっても「RubyとRailsでこのレベルの作品を作れるなら、○○と○○もすぐに習得できそうですね」という評価を得られる可能性は十分にあるので、PHPやPythonをメインの言語に使用していて、技術環境が十分にモダンな企業も選択肢に含めてしまってよいでしょう。

そしてこの際に非常に重要なのは「実務未経験者歓迎」的なことを明記している企業には「**応募しない**」ということです。

実務未経験者を積極的に採用している企業は、主に第2章で紹介したSES系企業ですが、そういった企業はいわゆる「**案件ガチャ**」のリスクが非常に高いため、開発の仕事に携われるかどうかは完全に運任せになってしまいます。

そのため、募集要項で「実務未経験可」を明記している企業は避けた上で、使用している技術がモダンなWeb系自社開発企業を中心に応募していくことになります。

求人要項に「実務未経験可」であることを明記してしまうと、ポートフォリオも作っていないような人たちからの応募が殺到してしまい業務の妨げになるため、ほとんどのWeb系自社開発企業は実務未経験者には表向きは門戸を開いていません。「実務未経験の場合はポートフォリオ必須」のようにハードルをしっかり明示している企業であれば問題ありませんが、少なくとも実務未経験者を積極的に募集している企業は避けましょう。

応募する企業数は「とりあえず100社」を目標にしましょう。Web系自社開発企業は実務未経験者を積極的に採用したいとは考えておらず、よほどよい人がいたら会ってみてもよいという程度のスタンスなので、数十社エントリーして1社面談に辿り着けたらラッキー、というくらいの心構えが適切です。

100社応募しても合格できないというケースは珍しくありません。100社で駄目なら200社、200社で駄目なら300社というように、とにかく粘り続けることが重要です。

また、求人サービスからの応募だけでなく、求人サービスで発見した各企業のホームページからの直接応募も併用しましょう。応募する経路によってエントリーの通過率が異なるケースは多いため、WantedlyやGreenで応募しても返信がなかったからといって諦める必要はありません。

その他、一部の転職エージェントが実務未経験者のWeb系自社開発企業への転職をサポートしてくれる場合もあるようなので登録してみてもよいでしょう（ただしかなりレアケースのためあまり期待しない方が賢明です）。

面接回数は企業にもよりますが、3回程度が一般的です。面接のスタイルは企業ごとに様々ですが、下記の質問は頻出しますので、自分の言葉でしっかり回答できるようにしておきましょう。

- なぜエンジニアになりたいのですか
- 将来のキャリアプランを教えてください

- なぜ弊社にご興味を持たれたのですか
- 弊社にどのようにご貢献頂けますでしょうか
- スキルアップのために心がけていることはありますか
- あなたの長所と短所について教えてください

また、面接においては「コンピュータサイエンスの基礎知識」を問うような質問がおこなわれるケースが多いです。例えば「WebブラウザにURLを入力してページが表示されるまでになにが起きているか説明してください」等です。特にHTTPプロトコル周りの質問が頻出する傾向がありますが、面接の前には基本情報技術者試験の参考書等を一度復習しておくとよいでしょう。

さらに、最近は面接の前後にコーディングテストが課されることも増えてきています。コーディングテストに関しては、ホワイトボードに解法を記述していく方式や、コーディング試験用のWebサービスを使用する方式や、課題を出されて期限までに解法を提出する方式等があります。

コーディングテストの対策としては、「LeetCode」というプログラミング学習サイトの「Easy」レベルの基本的なアルゴリズム問題に取り組んでおくとよいでしょう。

また、転職活動中もポートフォリオの改善作業を引き続きおこなって、GitHubに頻繁にコードをコミットして、いわゆる「草を生やしておく」ことをお薦めします。

> GitHubのプロフィールページの下部に「Contributionの状況（要するにその人のGitHubでの活動状況)」が表示されるグラフがあります。このグラフが緑色で芝生のように見えるため、GitHub上でしっかり活動することをIT業界では「草を生やす」と表現します。

ポートフォリオを一旦完成させたからといって油断してコードの改善を怠り、GitHubにコードをなにもコミットしない状態（草が生えていない状態）が長く続くと、企業側から「学習意欲が低い」と判断されてしまう場合もありますので注意しましょう。

column

面接時の注意事項

非常にレベルの高いポートフォリオを作り切ったにもかかわらず、面接がうまくいかずに志望度の高い企業に入社できない人も多いですが、そういった方たちにはいくつかの共通点があります。

時間を守れない、挨拶ができない、敬語を使えない、相手の目を見て話せない等が論外なのは当然ですが、それ以外にも下記のような人物であるという印象を相手に持たれてしまうと、面接を突破するのは非常に難しくなります。

- 条件面だけに魅力を感じてエンジニアを目指している人
- 事業への貢献ではなく自分の成長だけに興味のある人
- 企業研究を怠っている人
- 志望動機が曖昧な人
- 柔軟性が低い人
- 悪口や愚痴を言う人
- 話が長くて要点が分からない人

企業側が最も重視しているのは「この人と一緒に働きたいかどうか」なので、ポートフォリオのレベルが高いだけでは希望する企業に入社することはできません。

ポートフォリオやコーディング試験対策等の技術面も重要ですが、相手から「この人と一緒に働きたい」と思ってもらえるように、頻出する質問に対して好感度の高い前向きな回答ができるように準備していきましょう。

column

転職エージェントのセールストークには要注意

転職エージェント、あるいは転職支援をおこなっているプログラミングスクールは、自分達が契約している企業に応募者が転職してくれないと紹介手数料を得ることができません。

そのため、応募者の希望する条件とのマッチング度が低い企業であっても、応募者を翻意させて転職させようというインセンティブが働きますが、その際に非常に多いのが「まずは実務経験を積みましょう」というセールストークです。

実務未経験者の多くがWeb系自社開発企業への転職を希望しますが、実際にWeb系自社開発企業に転職できる確率は低いため、そういった転職活動をサポートすることに労力を浪費するよりも、より転職可能性の高いSES系企業への転職を薦めて効率的に手数料収入を得たいと考えるのは、ビジネスとしてはごく自然なことです。

しかし本書で既に述べているように、SES系企業には「案件ガチャ」のリスクがあり、開発業務をやりたくても、テスト業務や運用業務、あるいはITとは全く関係のない雑務をやらされる危険性が十分にあります。

つまりSES系企業において開発エンジニアとしての実務経験を積めるかどうかは完全に運次第になってしまうので、「まずは実務経験を積みましょう」というセールストークには耳を貸さない方が賢明です。

「髪を切るべきかどうか床屋に聞くな」という格言がありますが、転職エージェントへのキャリア相談はまさにそれです。アドバイスを求める際はできるだけ客観的にニュートラルな立場で相談にのってくれる人を選ぶようにしましょう。

Twitter等で「転職活動中」的な内容の投稿をすると、転職エージェントから連絡が来ることも多いようです。全ての転職エージェントが悪質ということではありませんが、エージェント側は皆さんのキャリア形成ではなく企業から得られる手数料に関心があるということはしっかり認識しておいた方がよいでしょう。

他の職種の場合

バックエンドエンジニア以外の職種の場合も学習から転職活動までの手順はほぼ同様です。どの職種においても「コンピュータサイエンス基礎」「Linux基礎」「GitとGitHub基礎」の学習は必須になりますが、それ以外の分野に関しては各職種ごとの必須技術を適切に選択した上で、質の高いポートフォリオを作成する必要があります。

ただし、実務未経験からいきなりWeb業界のインフラエンジニア職にジョブチェンジするのは難しいため、Web業界でインフラエンジニアを目指す場合は、まずはバックエンドエンジニアとして働き始めてから徐々にインフラの経験を積んでいって、数年後にインフラエンジニアにキャリアチェンジするという戦略が無難でしょう。

6-2 大学生がWeb系エンジニアになる方法

有名大学の情報系学部や理系学部に在籍していて、既にある程度のプログラミング経験がある方の場合は、メガベンチャーへの新卒就職が十分に可能です。またこの場合は「学生時代の研究内容や活動内容」の方が重視される傾向が強いため、就職活動用のポートフォリオは不要な場合が多いようです。
あまり知名度や偏差値が高くない大学の理系学部に在籍していて、プログラミング経験が浅い方の場合は、メガベンチャーへの新卒就職はかなり難しいため、中規模以下のWeb系自社開発企業やスタートアップ企業が主なターゲットになるでしょう。
文系学生の場合は、有名大学の高偏差値学部に在籍していても、かなりハイレベルなプログラミング経験や開発経験がないと中規模以上の自社開発企業に新卒エンジニア枠で就職するのは難しいため、スタートアップ系の企業が主なターゲットになるでしょう。
いずれの場合も、Web系自社開発企業でのインターン経験があると就職活動で有利になりますが、Web系自社開発企業でのインターンは非常に人気があり競争率も高いため、有名大学以外の理系学部あるいは文系の学生の場合は、インターン枠を勝ち取るためにある程度のレベルのポートフォリオが必要になる場合が多いようです。
そのため、就職活動までまだ時間のある大学1年生や2年生の方は、Web系自社開発企業でインターンすることを最初の目標にして、プログラミング学習および質の高いポートフォリオの作成に取り組んでおくとよいでしょう。
実際の就職活動に関しては、スタートアップ企業も対象にする場合であれば、リクナビ等の新卒向けの転職サービスだけでなく、前述したWantedlyやGreenを積極的に活用することをお薦めします。
一般的にスタートアップ系の企業は「新卒一括採用」はおこなっていませんが、通年採用枠に新卒学生が応募することは全く問題ありません。「企業文化に馴染んでくれやすい」「プロパー社員として長期間の在籍が期待できる」等の理由により、既に社会人経験や転職経験がある実務未経験者よりも新卒の方が企業からは好まれる傾向がありますので、魅力的なスタートアップ企業があればどんどんエントリーしてしまってよいでしょう。

column

文系出身者はエンジニアに向いていない？

いまだに「プログラミングには数学力が必須」と思い込んでしまっている人が多いようですが、少なくともWeb系エンジニアの仕事においては、高度な数学力が必要になる場面はほぼ皆無と考えて差し支えありません。

筆者の場合、画像編集用のグラフィックソフトを開発する際に「三角関数」や「線形補間」等の数学的知識が必要なアルゴリズムを扱った経験はありますが、こういった「CG」や「機械学習」等の特殊な分野でない限り、Web系エンジニアに数学力が求められることは滅多にありません。

必要になるのはなによりもまず「論理的思考能力」です。プログラムはすべて「論理」つまり「ロジック」で構成されていますので、物事を筋道立ててロジカルに考えられる人、高校生の科目で言うと「現代文」が少なくとも苦手でなかった人は、エンジニアに向いていると考えてよいでしょう。

他に必要なのは「抽象化能力」です。実務におけるプログラムのコードサイズは一般的にかなり大きくなるため、個々のコードの詳細や依存関係を全て具体的に理解するのは不可能なので、抽象的なイメージでコード間の相互作用を認識できる能力が重要になります。

また、「言語化能力」つまり「短い言葉で対象の本質を表現する能力」も非常に重要です。例えばコード内の「変数」や「関数」はその命名の仕方によって可読性に大きな影響が発生しますが、言語化能力の高い人は対象の本質を見極めて適切な命名をすることができるため、読みやすいコードを書くことが可能になります。

Web系エンジニアとして高いレベルを目指す上ではこれ以外にも

様々な能力が必要ではありますが、少なくとも高度な数学力は不要ですし、最低限の論理的思考能力があれば十分に仕事をこなしていくことはできます。数学が苦手だからといってWeb系エンジニアになることを諦める必要は全くありません。

6-3 学習教材

この節では、バックエンドエンジニア志望者向けのプログラミング学習用教材を紹介していきます。

基本的にはどれも無料もしくは数千円程度で入手可能なものに限定しています。教材に関しては人によって合う・合わないがありますので、可能であれば一つの分野に関する書籍や教材は複数試してみた上で、自分に合ったものを選択するとよいでしょう。

広く使われている一般的な言語や技術の教材に関しては良質なものが既にたくさん存在しますので、数万円以上もするような高額教材を購入する必要はありません。

注意点ですが、ポートフォリオ作成前の学習の目的は「完全に理解すること」ではなく「**頭の中に地図やインデックスを作ること**」です。後で実際にWebサービス等を開発する際に「これは確かあそこで学習した」ということが思い出せればそれで十分なので、理解できないことにいつまでも拘泥せず、ある程度考えて分からなければ一旦置いておいて、どんどん先に進むことを優先しましょう。

基礎の重要性は言うまでもありませんが、「応用をやらないと基礎は理解できない」ので、応用に入る前の段階で基礎を何周もするのは非常に効率の悪い学習方法です。

また、HTML、CSS、JavaScript、Ruby、Rails等を学んでいく際は、簡単でよいので「プログラミングノート」を作ることがお薦めです。後で復習する際にも、新しく得た知識をメモする際にも非常に有用です。（筆者も新しいプログラミング言語を勉強する場合はテキストエディタを使って必ず自分用のノートを作るようにしています）

プログラミングノートに関しては筆者のYouTubeチャンネル「雑食系エンジニアTV」でも解説していますので、そちらを参照してみてください。

コンピュータサイエンス基礎

『キタミ式イラストIT塾 基本情報技術者 令和02年（情報処理技術者試験）』

きたみりゅうじ（技術評論社、2019/12/14）

コンピュータサイエンスの基礎に関しては基本情報技術者試験の参考書で学習することが効率的です。参考書は複数出版されていますが、とりあえずこちらの書籍を一冊しっかり学習しておけば初学者の段階では十分でしょう。

Linux基礎

『Linux標準教科書』

宮原徹、川井義治、岡田賢治、佐久間伸夫、遠山洋平、田口貴久［著］
高橋征義、鎌滝雅久、松田神一、木村真之介［編集］
（特定非営利活動法人エルピーアイジャパン、2018/5/7）

Linuxの基礎を学習する上で定評のある書籍です。PDF版は無料で入手可能です（https://linuc.org/textbooks/linux/）。筆者もLinuxの基礎はこちらの書籍で学習しました。

●『新しいLinuxの教科書』
三宅英明、大角祐介（SBクリエイティブ 、2015/6/6）

こちらもLinux初学者向けとして評価の高い書籍です。『Linux標準教科書』では説明されていない、VirtualBox（バーチャルボックス）というツールを使用したLinux環境の構築方法が比較的詳細に説明されていますので、環境構築の部分からしっかり解説してくれている書籍が必要な場合はこちらを購入するとよいでしょう。

ただしページ数がかなり多いため全て学習しようとすると挫折する可能性が高いです。主に『Linux標準教科書』で学習を進めて、こちらの書籍はリファレンス的に活用するという方式が賢明でしょう。

HTML/CSS基礎

⊙HTML&CSSコース（Progate）

Progate（プロゲート）はプログラミング初学者の方たちに非常に人気の高いサービスです。ハンズオン形式で学習を進められることが特徴です。

ProgateのHTML&CSSコースで学習している人はかなり多く評価も高いため、まずはこちらのコースを初級～上級まで一通り学習してみるとよいでしょう。

⊙はじめてのHTML（ドットインストール）
⊙はじめてのCSS（ドットインストール）

ドットインストールもプログラミング初学者の方たちに人気の高いサービスです。動画で学習できることが特徴です。

手順としては、まずProgateのHTML&CSSコースを学習した後に、ドットインストールのHTML講座とCSS講座の解説動画を見ながら自分でも実際に手を動かして学習を進める、という方式でよいでしょう。

JavaScript基礎

⦿JavaScriptコース（Progate）

⦿詳解JavaScript 基礎文法編（ドットインストール）

JavaScriptに関しても、HTMLおよびCSSと同様に、Progateとドットインストールを併用して学習するという方針でこの段階では十分でしょう。

Ruby基礎

⦿Rubyコース（Progate）

⦿Ruby入門（ドットインストール）

Rubyに関しても、Progateとドットインストールを併用する方式で十分だと思います。

RDBとSQL基礎

⦿SQLコース（Progate）

⦿MySQL入門（ドットインストール）

RDBもSQLも非常に奥の深い分野ですが、最初はProgateとドットインストールを併用して学習する方式で十分でしょう。

ちなみにWeb業界ではMySQL以外にPostgreSQLも比較的よく使われていますが、現場ではまだMySQLの方が使用率が高いので、MySQLを学習しておく方が無難でしょう。

この後に紹介する「Ruby on Railsチュートリアル」ではPostgreSQLが使用されていますが、MySQLに関して学習した知識の多くがそのまま使えますので心配する必要はありません。

GitとGitHub基礎

⊙Git：はじめてのGitとGitHub（Udemy）

Udemy（ユーデミー）は世界的に有名なオンライン学習サービスです。JavaScript等と同様にProgateやドットインストールにもGitの学習教材は存在するのですが、GitHubと一緒に解説されている動画の方が効率がよいため、評価の高いこちらの教材で学習しておくとよいでしょう。

Ruby on Rails基礎

⊙Ruby on Railsチュートリアル

Railsの学習に関してはこちらの教材だけで十分でしょう。難易度はやや高めですが、こちらを完了すればポートフォリオ作成前の準備は整ったということになります。

ちなみに、Ruby on Railsチュートリアルでは学習するRailsのバージョンを選択可能ですが、Railsのバージョンは古すぎても駄目ですし新しすぎてもネット上に情報が少ないという問題があるので慎重に選びましょう。（Railsの新しいバージョンが出てから半年程度経てば情報も教材も大体出揃うのでそれを目安にすればよいでしょう）

AWS基礎

⊙『Amazon Web Services 基礎からのネットワーク＆サーバー構築 改訂3版』

大澤文孝、玉川憲、片山暁雄、今井雄太（日経BP、2020/2/6）

ポートフォリオのインフラにAWSを導入する段階まで来たら、こちらの書籍でAWSの基礎を学習してみるとよいでしょう。特に初学者の方は「ネットワーク」の知識が不足しやすいので、こちらの書籍を読みながらAWS上で色々とネットワークの設定を実際におこなってみると、AWSだけでなくネットワークの理解も深まると思います。

その他

◉『スラスラわかるネットワーク&TCP/IPのきほん 第2版』
リブロワークス（SBクリエイティブ、2018/3/17）

ネットワークに関する補助教材としてはこちらの書籍がお薦めです。イラストや図が多用されているため、ネットワークの構造や通信の流れがイメージとして掴みやすいと思います。

◉『おうちで学べるデータベースのきほん』
ミック、木村明治（翔泳社、2015/2/13）

データベースの補助教材としてはこちらの書籍を使ってみるとよいでしょう。DBMSとしてはMySQLが選択されていますが、内容の汎用性が高いので、ポートフォリオのデータベースにPostgreSQLを選択する場合でも十分に有用です。

column

教材を何周もするのはやめましょう

受験勉強等においては「同じ教材を何回も復習すること」が推奨されますが、プログラミング学習においては「教材を何周もする」のではなく「とにかく実際に手を動かしてみること」が最も効率的な学習方法になります。

例えばなにかのスポーツを上達するためには「ルールブック」を何回も読んだり「無駄な筋トレ」を繰り返すのではなく「実際に試合をやってみる」ことが必要ですが、プログラミングもこれと同様で、文法書や問題集を何周してもコードを書けるようにはなりません。

もちろん基礎的な知識はある程度必要になりますし、特にWeb系エンジニアへのジョブチェンジを目指してレベルの高いポートフォリオを作るためには必要な前提知識もそれなりに多くなりますが、実戦を経験することを怖がって基礎の勉強を無駄に繰り返すことは単なる逃避であり非常に効率の悪い学習方法です。筆者はこれを「分かってからはじめたい病」と呼んでいます。

プログラミング初学者の方がポートフォリオを作る際は様々な難関にぶつかるため精神的な負荷も高く、「本当に自分に作れるのかな？」という不安感との戦いになるため、より精神的に楽な「同じ教材を何周もする」という行為に逃げてしまいたくなる気持ちはよく分かりますが、理解が曖昧な箇所があっても早めに手を動かす作業に入ってしまった方が上達は圧倒的に早くなります。

既に説明した通り、何らかのプログラミング言語や技術を学ぶ上では、基礎を全て理解しようとするのではなく「基礎に関するインデックスを頭の中に構築して、早めに応用に入ってたくさん壁にぶつかって、そのたびに基礎に戻って調べてまた応用に戻って一つ一つ機能を実現していくという作業を繰り返す」のが最も効率的であるということを覚えておいた方がよいでしょう。

また、教材を何回も繰り返さないためには「なるべく学習に間をあけない」ということも重要です。学習が断続的になり間が空いてしまうとどうしても以前やった箇所を忘れてしまうためそこを復習してからでないと次に進めないということになってしまい、悪い意味での「復習癖」がついてしまいがちです。プログラミング学習に取り掛かってからポートフォリオを完成させるまでの期間は、どんなに長くても半年程度を目処にすることをお薦めします。

6-4 プログラミングスクールの選び方

独学するかプログラミングスクールを使うかの判断は人それぞれですが、筆者が考える「コストパフォーマンスの高いプログラミングスクールの条件」は下記のようになります。

- 集団学習の利点を活かしている（競争意識や承認欲求を煽ってくれる）
- モチベーションを持続させてくれる仕組みがある
- 現役で現場で働いているWeb系エンジニアがメンターを担当している
- 質問へのレスポンスが速い
- Web系自社開発企業との太いパイプがある

多くの人が誤解していますが、初学者向けスクールの「独自教材」には**ほとんど価値がありません**。前節で紹介しているように、RubyやRails等の一般的に広く普及していて歴史の長いプログラミング言語や技術に関しては、安価で良質な市販の初学者向け教材が既にたくさん存在しているので、それらを適切に組み合わせるだけで十分です。

スクールの価値はそこではなく、独学ではなかなか難しい「競争意識」や「モチベーション」を刺激して維持する仕組みを提供してくれること、「現役のWeb系エンジニアからの適切なアドバイス」を得られること、そして「Web系自社開発企業の選考が多少でも有利になること」にあります。

もちろんこれは筆者の個人的見解ではありますが、少なくとも「集団学習の利点を活かせていない」「スクールの卒業生が実務経験もないままメンターをやっている」「Web系自社開発企業とのコネクションが弱い」スクールは、Web系エンジニアを目指す上ではあまり適切な選択にはならない可能性が高いので、この点は十分に注意しましょう。

また、Web系エンジニアを目指す場合は**転職保証付きの無料スクールも**

避けた方が賢明です。Web系自社開発企業への転職は難易度が高いためそもそも保証は不可能なので、転職を保証されるとしても大抵はSES系企業になってしまいます。またそのスクールの転職サポートを使わずに転職した場合は結局料金を全額支払うということになり自由度が低いため、そういったスクールは最初から選択肢から外した方が賢明でしょう。

無料スクール以外でも、「転職できなかった場合は全額返金」等の条件は、スクールを選ぶ際の判断基準から一切除外することが賢明です。前述したようにWeb系自社開発企業への転職を保証することは不可能ですし、返金までの条件が受講者側に不利な内容になっているケースが大半なので、返金を得ることは非常に難しいと考えた方がよいでしょう。

ちなみに、筆者がもし今「Web系エンジニアへのジョブチェンジを目指すプログラミング初学者」だったとしたら、恐らく「独学」よりも「プログラミングスクールを活用する」ことを選択すると思います。筆者は大学受験の際も、エンジニアにジョブチェンジした際も、「集団学習」の中で成果を出してきたタイプであり、「競争意識や承認欲求を煽ってくれる仕組みの重要性」を強く認識しているため、独学という方式は避けると思います。

ただし、前述した条件に合致しないスクールは選びませんし、「無料スクール」や「転職保証付きスクール」は最初から除外します。あくまでも「自分が短期間で成長する上で最良の環境かどうか」「Web系自社開発企業への転職が多少でも有利になるかどうか」という観点で選択することになるでしょう。

いずれにしても、プログラミングスクールの料金はかなり高額ですし、途中で脱落してしまう人も少なくありません。スクールを使わずに独学でWeb系自社開発企業への転職に成功している方も多数いますし、最近は「MENTA（メンタ）」のように低料金でプログラミング学習をサポートしてくれるサービスも登場していますので、安易にスクールに申し込む前に、自分に合った学習方法をしっかり考えてみることをお薦めします。

6-5 Web系フリーランスエンジニアになる方法

この節では、最近非常に関心が高まっている「Web系フリーランスエンジニア」になる方法やそのワークスタイル等に関して紹介します。

Web系フリーランスエンジニアとはなにか

Web系フリーランスエンジニアとは「主にWeb系自社開発企業との業務委託契約により報酬を得ているエンジニア」の総称です。

業務委託契約には主に「請負契約」と「準委任契約」の2種類があり、Web制作系のフリーランスエンジニアは請負契約で働いていることが多く、Web開発系のフリーランスエンジニアは準委任契約で働いているケースが多いという特徴があります。

「Web系フリーランスエンジニア」はあまり一般的な呼称ではありませんが、主にSIer企業の案件を請けているSIer系フリーランスエンジニアや、Web制作系の案件を担当しているWeb制作系フリーランスエンジニアと区別するために本書ではこの表記を使用します。

請負契約と準委任契約の違い

第2章で既に説明しましたが、請負契約は「成果物を納品するまで支払いを得られない」という契約方式です。短時間で作業を完了させれば時間当たりの単価は高くなる半面、「支払いを巡って顧客とのトラブルが発生しやすい」「瑕疵担保（かしたんぽ）責任がある」というリスクがあります。

準委任契約は基本的に働いた時間数に応じて支払いを得られるため、エンジニア側からすると比較的低リスクな契約方式になります。

一般的にWeb制作系の案件は「機能要件」と「非機能要件」の難易度が低く、経験の浅い低スキルなエンジニアでも対応可能な案件が多いです。つまり優秀なエンジニアを雇う必要がないため、顧客側のリスクが高い準委任契約ではなく、予算の上限をコントロールしやすい請負契約の案件が必然的に多くなります。

> この場合、当然のことながら時間換算した場合の単価も低くなる傾向があります。

これに対してWeb開発系の案件は「機能要件」と「非機能要件」の数や複雑さや難易度が高く、ある程度経験を積んだスキルの高いエンジニアでないと対応できないケースが多いです。

つまりハイスキルなエンジニアを雇う必要があるわけですが、優秀なエンジニアほど低リスクで確実に高単価を得られる準委任契約を好むので、顧客側としては請負契約の方が望ましくても、両者のパワーバランスの関係で必然的に準委任契約の案件が多くなります。

また、一般的に請負契約はリモートワークが多くなるのに対して、準委任契約は客先常駐が多いという違いがあります。

> フリーランスエージェント経由で獲得できる準委任案件の多くは客先常駐系の案件です。

多くの方は「フリーランスエンジニア＝リモートで働ける」というイメージを持っているようですが、新型コロナウイルス流行時のような特殊な場合を除いて、Web開発系の業務委託案件の多くは客先常駐型ですのでここは勘違いしないようにしましょう。

これに対してWeb制作系の業務委託案件の場合はリモートワークが一般的ですが、この場合は前述したような請負契約のリスクがあることをしっかり認識しておく必要があります。第2章でも述べたようにWeb制作系の案件はクラウドソーシング等で「低スキル者同士の値引き競争」になりやすいため、リモートワークのメリットだけを過大に重視するのは賢明な判断ではありません。

筆者の個人的見解ですが「**情報弱者で物事のメリットとデメリットを比較できない人ほどキャリアの最初からリモートワークしたがる**」というかなりはっきりした傾向があります。キャリアの初期はまず「自分の人材価値を効率よく高められる環境かどうか」を最重視して、リモートワークに関しては条件に含めない方が賢明です。

人材価値が高くなれば、リモートワークに限らず様々な要望が通りやすくなります。

本書は「Web系自社開発企業で働くエンジニア」を目指している方のためのキャリアガイド本ですので、Web制作系のフリーランスエンジニアの解説に関しては省略します。以降の説明は基本的に全て「**Web系自社開発企業の案件に準委任契約で参画するWeb開発系のフリーランスエンジニア**」に関する解説になりますのでご注意ください。

Web系フリーランスエンジニアのメリット/デメリット

Web系正社員エンジニアと比較した場合のWeb系フリーランスエンジニアのメリットとデメリットは下記のようになります。

メリット：
- 単価が高い
- 案件の掛け持ちが可能である
- 職歴が増えない

デメリット：
- 有期契約である
- 決裁権を持てない
- 確定申告をする必要がある

まずはメリットに関して説明します。会社都合による解雇が難しい正社員エンジニアと異なり、フリーランスエンジニアとの契約は容易に解消できるため、開発要員が必要な時期だけ一時的に高めの報酬を支払って一定水準以上のレベルのエンジニアを集めるということが広くおこなわれています。そのためフリーランスエンジニアの単価は正社員よりも数割程度高くなるケースが一般的です。

> 経験豊富でスキルの高いWeb系エンジニアは慢性的に不足しており、正社員だけで開発要員を確保するのは非常に難しいため、資金の豊富な大企業であってもフリーランスエンジニアに頼らざるを得ないというのがWeb業界の現状です。

東京周辺では、月単価80万円程度のフリーランスエンジニア案件は珍しくありません。フリーランスエージェントを経由せずに自分の人脈経由で時間単価数万円以上の案件を請けているWeb系エンジニアもいます。

また、複数の案件を掛け持ちすることが可能なため、例えば週3でRubyの案件、週2でPythonの案件に関わって両方のスキルを伸ばすような働き方も可能です。

さらに、短期間で転職を繰り返すと「ジョブホッパー」と判断されてしまう正社員とは異なり、フリーランスエンジニアが別の案件に移動しても、履歴書の職歴欄に記載する職歴は増えないため、数ヶ月〜1年程度の短期間で職場を移動してもキャリアにおいて不利が発生しないというメリットもあります。

次にデメリットに関してですが、有期契約のため「雇い止めされやすい」というリスクがあります。2020年の新型コロナウイルス流行時の不況期にもフリーランスエンジニアの雇い止めはそれなりの件数が発生していました。

また、正社員と異なり基本的に「外注」なので、どんなに優秀で貢献度が高くても決裁権を持てないというデメリットがあります。リーダーやマネージャーとして最終的な意思決定の権限を持って仕事がしたいという人には、フリーランスエンジニアはあまり向いていないと考えた方がよいでしょう。

さらに、正社員の場合は税務周りの作業はほとんど会社に任せることができますが、フリーランスエンジニアは毎年「確定申告」をおこなわなければなりません。慣れれば1日程度で完了する作業ではあるものの、この手間を嫌ってフリーランスエンジニアになることを敬遠しているエンジニアも少なくないようです。

Web系フリーランスエンジニアになるには

Web系フリーランスエンジニアとしてフリーランスエージェントから案件を獲得するためには、何らかのWebサービスやスマホアプリの開発実務の経験が1年程度は必要になります。当然のことながらできるだけハイレベルで機能要件と非機能要件の難易度が高く、技術的にもモダンな環境での実務経験の方が望ましいということになります。

> 機能要件と非機能要件が単純な環境における低レベルな経験を積んでいるエンジニアはいくらでもいるので、そういった環境で長く働いても人材価値は高まりません。また、機能要件と非機能要件が複雑な高単価案件においては、使用される技術も大抵の場合は高度かつモダンなので、最新技術を経験できる環境で濃い経験を積めていると、高単価案件への参画可能性も高まりやすいということになります。

Web系エンジニアとして1年ほど十分な経験を積んで、東京近辺で大手のフリーランスエージェントといくつか契約すれば、客先常駐の時間単価3,000円程度（月単価50万円程度）の案件は十分に受注可能です。

一時期は「フリーランスエンジニアになってうまくいくのはごく一部の人だけ」という誤解がありましたが、慢性的なエンジニア人材不足と、フリーランスエージェント経由での案件獲得という仕組みが確立されたことにより、Web系自社開発企業で十分な経験を積んだ20〜30代の若手エンジニアが、東京近辺で時間単価3,000円程度の案件を受注する難易度は非常に低くなっていると考えてよいでしょう。

ちなみに「エンジニアになってから数ヶ月〜1年程度で月単価100万円達成」というようなことをSNSで発信しているエンジニア（を装ったブロガーやアフィリエイター）がいますが、それは大抵の場合「複数の案件を掛け持ちして過度に働いた」あるいは「複数の請負契約の案件の支払いが同じ月になった」ことによる**瞬間風速**ですので注意しましょう。1ヶ月160時間程度の無理のない労働時間を前提として、数ヶ月以上継続してその単価を得られていないなら、再現性が低いため実績として意味はありません。

Web系エンジニアとしてスキルや経験、人脈を積み上げていけば時間単価数万円以上を獲得することも可能になりますが、1年程度の経験で、フリーランスエージェント経由の準委任契約で得られる時間単価がいきなり5,000円台や6,000円台になることはまずありません。怪しい情報には十分に注意しましょう。

Web系フリーランスエンジニアの案件獲得方法

Web系フリーランスエンジニアの案件獲得方法には「フリーランスエージェントを経由する方法」と「人材サービス経由でのスカウト」と「自分の人脈内から受注する方法」と「顧客から直接指名される方法」の4種類があります。

フリーランスエージェント経由で案件を獲得する場合は、広い選択肢の中から自分の希望に近い案件を探せるというメリットがあります。ただし単価の上限はあらかじめ確定しているため、単価交渉の余地はほとんどありません。経験豊富でハイスキルなWeb系エンジニアであっても、エージェント経由で継続的に獲得できる単価の上限は時間単価6,000円程度（月単価100万円程度）になります。

WantedlyやLinkedInや転職ドラフト等の人材サービス経由でのスカウトもあります。一般的にスカウトは正社員が対象になる場合が多いですが、慢性的な人材不足により、企業が人材サービス経由でフリーランスエンジニアにスカウトをおこなうケースも増えてきています。

自分の人脈内から案件を獲得するケースも多いです。筆者も一つの案件の契約が終了することが確定した際は、TwitterやFacebook等で「○月からの案件を募集中です」のように呼びかけて、そこから案件を受注した経験が何度もあります。

何らかの技術分野で知名度の高いフリーランスエンジニアの場合は、企業からSNSやメール等で直接スカウトがくるケースもあります。筆者の知人には海外企業から直接指名をされて海外案件に参画しているWeb系エンジニアもいます。

いずれにしても、エージェント経由で案件を受注する場合の単価水準はどんなにスキルが高くても上限（時間単価5,000〜6,000円台）があるため、さらなる高単価を目指す場合は、自分の人脈内あるいは直接の指名によって案件を受注できるように、人脈拡大や知名度向上のための努力を地道にやり続けていく必要があります。

第7章

Web系エンジニアのキャリア形成

この章ではWeb系エンジニアとしてキャリア形成していく上での注意点を説明します。

7-1 心身の健康の維持

まずはなによりも、全ての基盤である「心身の健康」を長期間維持することが最優先です。

適度な運動や十分な睡眠等によって肉体の健康を維持することはもちろんですが、IT業界のエンジニアは心を病んでしまう方が比較的多いため、メンタルヘルスに関しても十分な注意が必要でしょう。

筆者はメンタルヘルスの専門家ではありませんが、Web業界内での事例を見る限り、高圧的な上司や有害な同僚の存在、責任感が強すぎる、プライドが高すぎる、問題を一人で抱え込む、完璧主義、周囲のレベルについていけない、強い孤立感、これらのいずれかの要素が組み合わさると、メンタルヘルスに問題が発生する確率が高くなってしまうという印象です。

Web系自社開発企業の場合、過度な残業が長期間続くケースは滅多にありませんので、それにより心を病んでしまう人はあまり見かけません。

特にWeb系自社開発企業に転職した駆け出しエンジニアの方の場合は「周囲のレベルについていけずに強い孤立感を感じる」という時期がどうしても発生しやすくなりますので、一人で抱え込まずに色々な人に相談に乗ってもらったり愚痴を言わせてもらう等して、なるべく自分を追いこまないことが重要です。

column

Brilliant Jerkに気をつけよう

Brilliant Jerk（ブリリアントジャーク）とは、くだけた言い方をすると「頭のいいクソ野郎」的な意味になります。要するにスキル的には優れているが人間性に問題があり、横暴な振る舞いをしたり攻撃的になったり周囲の人達を見下したりマウンティングしたりして精神的に追い込んでしまうような人達のことです。

どういった職種にもこういった有害な人材は存在しますが、Web系エンジニアという職業は個人のスキル格差が大きいため「技術力によるヒエラルキー」が形成されやすく、また一つのWebサービスに長く関わって貢献度が高くなると「属人化」により特定個人の発言力や政治力が極端に強くなってしまうことが多いため、残念ながらBrilliant Jerkが発生してしまいやすい環境です。

企業側も、優秀で貢献度の高いBrilliant Jerkに辞められてしまうと、業務面では困るため彼らの傲慢な振る舞いを黙認してしまう傾向があります。そういう人達と遭遇した際には我慢せずにマネージャーやチームリーダーにまずはしっかり苦情を伝えるようにしましょう。自分一人で抱え込んでしまうとメンタルヘルスに支障をきたす可能性が高くなってしまうので要注意です。

マネージャーやチームリーダー自身がBrilliant Jerkだった場合は、さらにその上の役職の人に改善を要望する必要があります。しっかりした企業であればそういった苦情には基本的に迅速に対応してくれますが、中々対応してくれない場合は「逃げるが勝ち」と考えて、その職場を離れることを検討した方がよいでしょう。無理して頑張ってメンタルを壊してしまうことは絶対に避ける必要があります。

最近は従業員の「心理的安全性」を重視する企業が増えており、パワハラ的な行為に対する取り締まりも厳しくなっているため、こういったBrilliant Jerkが放置されるケースは徐々に減ってきていますが、職種の特性上どうしてもそういった有害な人材が発生しやすい傾向はありますので、十分に注意しましょう。

7-2 技術を磨き続ける

Web業界で使われる技術は、他の業界とは比較にならないほどのスピードで進化＆変化していくため、ハイレベルなWeb系エンジニアであり続けたいならば「現役でいる間は一生勉強し続ける覚悟」が必要になります。

プライベートを犠牲にして勉強している率に関しては、それがよいか悪いかは別として、世の中に存在する全職種の中でWeb系エンジニアが圧倒的にNo.1かもしれません。逆に言うと「技術の勉強に時間を投資できない人」は生き残ることが厳しい職業でもあります。

さらに、新しい技術にキャッチアップし続けるためには、プライベートで勉強するだけでなく「新しい技術を学べる職場に積極的に移動する」ことが非常に重要になります。

一つの企業が運用しているサービスに限りがあるように、一つの企業内で経験できる技術にも限りがあるので、より付加価値の高い技術を習得したければ、適切なタイミングで職場を移動しなければなりません。

アメリカのITエンジニアの平均的な転職頻度はだいたい２年程度のようですが、「高い成長曲線を描き続けたいなら長くても１～２年程度で職場を移動することが必要」というのが筆者の個人的見解です。

もちろん「成長」の定義にもよりますが、後述するコラムで紹介しているような多種多様なモダンな技術を筆者が比較的短期間で習得できたのは、プライベートの時間を勉強に投下しただけでなく、適切なタイミングで適切な職場に積極的に移動してきたことが大きな要因になっています。

特に、自分が現在持っているスキルでチームやプロジェクトに貢献することと引き換えに、まだ未経験の新しい技術を使わせてもらうことを条件にして新しい職場に移動することは、非常に有効なキャリア戦略です。筆者はこれを「**わらしべ長者戦略**」と呼んでいます。

一つの技術を長く深く掘り下げていくことが間違いというわけではありませんが、Web業界の技術の栄枯盛衰の速度を考えると、狭い範囲の技術に特化せずに幅広い技術に「**分散投資**」する方が、キャリア戦略としてはより低リスクということになるでしょう。

column

筆者のスキルセットの紹介

筆者の現時点のスキルセットはおおよそ下記のようになります。
全て実際の業務で経験した技術のみを記載しています。

プログラミング言語	Rust, Kotlin, Scala, Java, Go, Elixir, Ruby, Python, PHP, Perl, JavaScript, TypeScript, VC++, C#, Objective-C, Action Script
RDB / NoSQL	MySQL, PostgreSQL, Oracle, SQLServer, Redis, Memcached
AWS	VPC, S3, CloudFront, APIGateway, Lambda, ELB, EC2, ECS, Beanstalk, EKS, Route53, IAM, Cognito, ElasticsearchService, RDS, Aurora, DynamoDB, ElastiCache, Kinesis firehose, KinesisVideoStreams, SQS, SNS, SES, Redshift, EMR（Spark）, CloudFormation, CloudWatch, AWSBatch, SageMaker, Personalize, CloudTrail, GuardDuby, CloudHSM, ClientVPN, VPC Peering, AWS Organizations

GCP	VPC, GCS, Cloud Functions, GCE, GKE（Kubernetes）, GAE/SE（Standard Environment）, GAE/FE（Flexible Environment), IAM, Cloud SQL, Cloud Memorystore（Redis）, Cloud Pub/Sub, Cloud NAT, CloudArmor, BigQuery, Dataflow（Apache Beam）, Composer（Airflow), MLEngine, Datalab, Deployment Manager, Cloud Build, Cloud Source Repository, Stackdriver Logging, Stackdriver Monitoring
SaaS/PaaS	GitHub, GitHub Actions, BitBucket, CircleCI, Wercker, DataDog, Sentry, NewRelic, TreasureData, DeployGate, TestFlight
その他	Terraform, Spinnaker, Istio, Docker, Jenkins, Fluentd, Capistrano, Chef, nginx, unicorn, Apache, Tomcat, Gulp, Webpack, Pug, SASS, Mecab, Zabbix, munin, Elasticsearch, Kibana, RabbitMQ, LDAP, LVS, BIND

これらのスキルセットのうち、７～８割程度は、ここ５年程度で習得した技術になります。（経験が長いため実際にはさらに多くの技術を経験していますが省略しています）

バックエンドとクラウド系インフラ周りのモダンな言語や技術に関してはかなり突出して幅広い経験を有していると思いますが、これが前述した「わらしべ長者戦略」の威力です。一つの企業に長く在籍しすぎると、数年程度でこれだけの数の技術を一気に経験することはできません。

筆者は無計画な転職は推奨しませんし、正社員として短期間で転職しすぎると「ジョブホッパー」と判断されてしまうので注意が必要ですが、Web系エンジニアにとっては「IT業界全体が一つの会社のようなもの」であり、個々の会社は「単なる一時的なプロジェクト」と捉えた方が実態に即していると思います。

もちろん一つの会社に長く在籍すべきであるという考え方を否定はしませんが、成長し続ける上では適切なタイミングで環境を変える必要がありますし、「優秀なWeb系エンジニアの成長速度は企業やサービスの成長速度を遥かに凌ぐ」ケースの方が多いため、１～

２年程度一生懸命働くとその職場で得られる知識の大半は吸収できてしまうということは覚えておいた方がよいでしょう。

外部発信

Web系エンジニアとして効率よくキャリアアップしていく上でも、また後述する複業等でマネタイズしていく上でも、外部発信によって業界内である程度の知名度を獲得しておくことは非常に有効です。

例えば何らかの技術分野に関する専門的な内容の記事を技術ブログ等に継続的に投稿していると、その分野の専門家として認知されやすくなりますし、そこから直接仕事の引き合いがあったり、転職活動時に有利に作用するというケースは少なくありません。

エンジニア向けの技術ブログサービスとしては「Qiita（キータ）」が有名です。

またブログだけでなく、IT系の勉強会やイベント等で積極的に登壇したりLTしたりすることも効果的です。

LTは「ライトニングトーク」の略で、5分前後の短い発表のことです。

登壇やLTで使用したスライドは「SlideShare」や「Speaker Deck」といったサービスを使って外部公開することがWeb業界内では一般的です。こちらもブログと同様に自分の外部発信の資産として積み上がっていきます。

こういった外部発信を地道にやり続けて、業界内で名前の知られたエンジニアになると、「技術顧問」や「技術コンサル」等の高単価の仕事も獲得しやすくなります。

技術顧問や技術コンサルは、その企業の技術的課題に対して様々なアドバイスをおこなうことが主な役割です。有名エンジニアを技術顧問に抱えているとその企業の知名度も高まりやすいため広告塔的な役割も果たしています。

column

炎上について

積極的に外部発信していく上で避けて通れないのが「炎上」です。

もちろん技術的な解説記事を書くだけなら炎上する可能性はほぼありませんが、自分自身の「オピニオン」を明確に発信する場合は、異なる見解を持つ人たちからの反論だけでなく、場合によっては多数の人達からの攻撃や炎上に遭遇することもあります。

筆者は主にYouTubeやTwitter等で、プログラミング初学者の方や駆け出しエンジニアの方たちが効率よくキャリアアップしていくための情報を提供していますが、特定の業界や企業や技術コミュニティ等に一切忖度せずに、そういった集団にとって不利益になるような情報も躊躇なく発信しているため、比較的炎上しやすいタイプです。

しかし、なにかに忖度しているということは結局「本音を言っていない」ということになりますし、当たり障りのない風見鶏的な意見しか言わない人は注目を集めることも信頼度を高めることもできません。

世の中の全ての人の利害が一致することはあり得ないので、誰かの利益になることを発信すればそれによって不利益を被る人が必ず発生します。それを避けて「八方美人」になろうとすると、結局全ての人から信頼されないということになってしまうので、技術情報だけでなく自分の意見や主張も発信して知名度を高めていきたいならば「一部の人たちからは嫌われてしまっても特定の層の人たちには強烈に支持されること」を意識することが必要になります。

もちろんわざわざ炎上を狙う必要はありませんし誹謗中傷は論外ですが、四方八方に気を配った忖度だらけの腰の引けた情報発信では、中々知名度を高めていくことはできないということは覚えておいた方がよいでしょう。

自分の意見を表明したことにより、異なる意見を持つ人達から叩かれたり批判されたりして炎上することは全く問題ありませんが、誹謗中傷による炎上は、その後のキャリア形成においても人脈形成においても非常に大きなハンデになりますので、絶対に避けましょう。

7-4 人脈形成

知名度と同様、転職する上でも高単価を獲得する上でも、幅広い良質な人脈を獲得することはとても重要です。

Web業界では「リファラル採用」という、社員の個人的な繋がりを活用して人材を獲得する採用手法が一般的であり、さらにその社員からの評価が求職者に対する評価に上乗せされることになるため、有名企業や技術レベルの高いWeb系自社開発企業に友人や知人が在籍しているとキャリア形成において非常に有利になります。

また、フリーランスエンジニアとして案件を獲得する場合も、フリーランスエージェント経由の案件よりも自分の人脈内で案件を獲得する方が単価が高くなりやすいという傾向があります。

例えばフリーランスエージェント経由の高単価案件は、月額80万～100万円（時間単価5,000～6,000円）程度が上限ですが、自分の人脈経由で案件を獲得する場合は、能力と交渉力次第では時間単価が数万円を超えることも十分に可能です。

良質な人脈を獲得する上では、外部発信と同様にIT系の勉強会やイベントに積極的に参加して登壇したり、交流会の時間帯に積極的に名刺交換したりSNSをフォローし合ったりするのが鉄板です。筆者もこの手法でエンジニア人脈をかなり拡大してきました。

それ以外にも、勉強会やイベント等に参加するだけでなく、ボランティアスタッフとして主催者の手伝いをしたり、あるいは自分で勉強会を開催してしまうことも効果的です。

いきなり勉強会を開催するのはハードルが高いので、まずはもくもく会から始めるのがよいでしょう。筆者の知人にも、もくもく会や勉強会を積極的に主催することで一気に良質な人脈を拡大して、高単価案件の獲得に成功した若手フリーランスエンジニアがいます。

また、社員数の多い老舗のWeb系大企業やメガベンチャーに正社員として転職し、社内サークルやランチ会や飲み会等に積極的に参加することも有効です。Web系大企業やメガベンチャーに採用される社員は優秀な人材が多く「**企業側が将来有望な人材だけをフィルタリングしてくれている異業種交流会**」のようなものなので、人脈拡大の観点で考えると非常に効率がよい環境です。

「人脈」や「コネ」という言葉が嫌いな人も多いようですが、Web系エンジニアとしてのキャリア形成においてもビジネス全般においても、良質な人脈を持っていると極めて有利になりますので、斜に構えずに積極的に色々な人とSNS等で繋がっていくことをお薦めします。

エンジニア同士が繋がる際にはTwitterが使われるケースが比較的多いですが、ビジネスSNSとしてはFacebookの方が適していますので、可能であればFacebookで繋がっておいた方がよいでしょう。

7-5 複業と起業

Web系エンジニアとして数年間ほど濃い経験を積んでしっかりキャリアの軸足を確立した後に、エンジニア一本でさらに技術力を高めていくか、あるいはエンジニアとしてのスキルや経験になにかを「掛け算」して複業や起業に繋げていくかは人それぞれですが、筆者は基本的に後者をお薦めしています。

人生は一回きり

複業や起業をお薦めする理由としては、単純に「**人生一回きりなのだから自分の可能性を色々と追求してみた方が楽しいのでは**」ということになります。

多くの人は「エンジニアになるために生まれてきた」わけではないと思いますし、本業であるWeb系エンジニアの仕事でしっかり軸足を確立して守りを固めることができたなら、プライベートや複業で色々なことにチャレンジして失敗しても、キャリア面でも金銭面でもそれほど大きなリスクはありません。

実際に筆者は、エンジニアとして着実に経験を積みつつも、ストリートダンスに10年ほど打ち込んでみたり、年間200日ほどクラブに通ってひたすらナンパをしてみたり、渋谷のデザイナーズマンションをセカンドハウスとして借りて毎週末ホームパーティをしてみたり、近未来バイオレンス小説を書いてみたり、YouTuberになってみたりと色々な遊びやチャレンジをしてきましたが、そういった「多動」が、オンラインサロンという複業でのマネタイズや、あるいはこちらの書籍執筆といった新たな人生体験に繋がったわけです。

社会の流れ的にも、本業で十分な軸足を確立できた人が、複業や起業にチャレンジするのは今後「当然」という雰囲気になっていくでしょうし、「**一つの会社や一つの職業に自分を限定する必要はなにもない**」という考え方が主流になっていくというのが筆者の考えです。

雇われエンジニアの単価は上限が決まっている

「手を動かすエンジニア」として企業に雇われた場合に稼げる金額は、既に説明した通り正社員であれば1,000万円前後、高単価のフリーランスエンジニアでも2,000万円前後あたりが上限となります（Google等の外資系企業の場合はさらに上を目指すことも可能ではあります）。

もちろんこれでも十分な金額だとは思いますが、逆に言うとある程度のレベルになるとそれ以上労力を投下しても収入は大きく増えないということになりますので、さらなる高収入を目指したい方は、CTO等の上位職を目指すとか、あるいは本業のスキルや経験を複業でスケールさせるとか、起業するとか、何らかの工夫が必要になるわけです。

エンジニアに限らず、ビジネスパーソンのキャリアにとってお金だけが重要なわけではありませんが、**世の中に提供したバリューの対価が報酬**である以上、自分が提供できるバリューをさらにスケールしたい、その結果として報酬もさらに高めたいと考えるのはごく自然なことだと思いますので、より高いバリューの提供を目指すために「**エンジニアの枠をはみ出す**」ことを遠慮する必要はないのでは、というのが筆者の見解になります。

7-6 資産運用

給与の低い20代のうちは、お金は自分自身への投資に使う方が得策ですが、30代になってある程度収入に余裕が出てきたら、資産運用に関してはしっかり考えた方がよいでしょう。

「人生100年時代」と言われて久しいですが、ビジネスパーソンとして現役で活躍できる期間が70歳程度までだとすると、20～30年ほどは年金以外の大きな収入が期待できない中で暮らしていくことになりますので、それまでに最低でも数千万円程度の金融資産を作っておく必要はあるでしょう。

> キャリア形成のために比較的短期間での転職が一般的なWeb系エンジニアは、退職金には期待しない方が賢明です。

資産運用に関する考え方は人それぞれですし正解はありませんが、筆者は節税と老後資産の形成を目的に「NISA（ニーサ）」と「iDeCo（イデコ：個人型確定拠出年金）」を毎月それぞれ満額、海外と日本の「インデックスファンド」に対して投資しています。

> インデックスファンドの詳細に関しては巻末の参考資料をご参照ください。主に「手数料が安いこと」「幅広く分散投資できること」「市場平均とほぼ同様な値動きをすること」が特徴です。

> ちなみに筆者は「小規模企業共済」にも毎月満額を拠出しています。

いずれも長期保有が前提であり、また個別企業の株式等は一切持っていないため、好景気や不景気に一喜一憂することなく、本業と複業に集中できています。いわゆる「**ほったらかし運用**」です。

個別企業の株式を持って短期取引することが悪いというわけではありませんが、株の値動きが気になって本業に集中できなくなってしまうというエピソードは非常によく聞きます。

もちろん貯金だけにするのも一つの立派な選択ですが、少なくともiDeCoやNISAやインデックスファンドといった資産運用の基礎知識はある程度知っておいた方がよいでしょう。

注意点ですが、資産運用を本格的におこなう前に数ヶ月程度は収入がゼロになっても暮らしていけるだけの貯金を作っておくことをお薦めします。新型コロナウイルスによるパンデミック時のように急激な不況で失職する可能性もありますし、その他怪我や病気等で休職する必要があった時のセーフティネットとして、いつでも現金化できる余裕資金は必ず確保しておきましょう。

ちなみに資産運用を「副業」と考えている方もいるようですが、「**アクティブファンドを運用しているプロフェッショナルでもインデックスファンドに長期的に勝ち続けられる保証はない**」という事実がはっきりしている以上、素人がデイトレード的なことを頑張っても努力が報われる可能性は高くありません。

資産運用に関しては手数料の低いインデックスファンドを購入して「ほったらかし」にして、それ以外の本業と複業に時間と労力を投資することが、キャリア形成と老後の資産形成のバランスとしては最適なのではというのが筆者の見解です。

7-7 50代以降の働き方

Web業界はまだ非常に歴史の浅い業界ということもあり、50代以降のキャリアに関しては先行事例やモデルケースがあまり多くありません。

特にWeb系自社開発企業は平均年齢が非常に若いため、第一線でコードを書いている50代以上の正社員Web系エンジニアは現時点ではほとんど存在しないというのが実状です。

フリーランスの場合は50代でもコードを書く仕事をメインにしているWeb系エンジニアも普通に存在していますが、少なくともそのポジションでの需要は若い頃と比較すると確実に減少しますので、現場で手を動かす作業を続けていきたい場合は、若い人たちとは異なる価値を提供できないと単価を維持していくことは年々難しくなっていくということになるでしょう。

いずれにしても、50代や60代になっても「手を動かすWeb系エンジニア」として面白いプロジェクトに関わり続けたいのであれば、新しい技術にキャッチアップし続けるのは当然として、自分より若い人たちとの人脈を拡大し続ける必要もありますし、若い人たちと同じ領域で真っ向勝負するのではなく「協業関係」を作れるような方向に自分のキャリアを寄せていく必要もあるでしょう。

第8章

Web業界のトレンドと今後の展望

この章では最近のWeb業界の技術トレンドや文化トレンド、そして今後の展望等を説明します。

8-1 技術トレンド

クラウド

ここ数年間のWeb業界における最大の変化は、なんといっても「AWSやGCP等のクラウドが一般化したこと」になるでしょう。

それまでWeb業界ではレンタルサーバあるいはオンプレミスのサーバの使用が一般的でしたが、AWSやGCP等のクラウドが一気に定着したことにより、バックエンドエンジニアやインフラエンジニアに求められるスキルセットが大きく様変わりしました（「クラウドエンジニア」という呼称が生まれたのもここ最近のことです）。

また、クラウドによってインフラの様々な要素が抽象化されたことで、バックエンドエンジニアとインフラエンジニアの境目が曖昧になり、個々のエンジニアが担当できる範囲が広がったことも大きな変化の一つです。

今後も恐らくIT業界の技術革新の中心はクラウドとその周辺ということになると思いますので、Web系エンジニアとしてどの職種を選択するかにかかわらず、クラウドの動向にキャッチアップしておくことは非常に重要です。

クラウドは主に下記の3種類の分類がありますので、こちらは覚えておいた方がよいでしょう。

⦿IaaS（イアース：Infrastructure as a Service）

サーバやストレージやネットワーク等のインフラをクラウド上で提供するサービスです。自由度は高いですが、インフラに関する十分な知識が必要になります。AWSやGCPの提供している大部分のサービスはこの分類に含まれます。

⦿PaaS（パース：Platform as a Service）

アプリケーションを実行するためのプラットフォームをクラウド上で提供するサービスです。OSやミドルウェア等のセットアップを自分達でおこなわなくても、アプリケーションをデプロイするだけでWebサービスを比較的簡単に公開できるのが特徴です。Heroku（ヘロク）やGAEが代表的なPaaSです。

⦿SaaS（サース：Software as a Service）

利用者のパソコンやサーバに直接ソフトウェアをインストールするのではなく、インターネット経由でソフトウェアの機能を提供するサービスです。GitHubやGmail等もSaaSに含まれます。

コンテナ

コンテナ技術、特にDocker（ドッカー）の広まりにより、Web系自社開発企業の開発スタイルや運用スタイルは大きく変化しました。

Dockerの詳細は省略しますが、「起動が高速である」「開発環境と本番環境の差異を吸収できる」「デプロイやロールバックが簡単になる」「構成管理やオートスケールの設定が容易になる」等の様々なメリットがあります。

数年前までは、例えばAWSであればEC2に対して直接アプリケーションをデプロイするような方式が主流でしたが、モダンなWeb系自社開発企業の多くは既にDockerと何らかのコンテナ基盤（AWSの場合はECSやEKS等）を使う方式に移行していますので、DockerはWeb系エンジニアの必須スキルの一つになっていると考えてよいでしょう。

マイクロサービス

かつての大規模なWebサービスは、一つの巨大なWebアプリケーションに様々な機能を詰め込む方式、いわゆる「モノリシック（一枚岩）」な構成が一般的でした。

しかしこういった「密結合」の巨大なアプリケーションは、機能追加や改修のたびにコードが複雑化して何らかの修正を加える際の影響範囲を見極めることが難しくなったり、複数のチームで並列で開発を進めることが難しくなったり、開発言語やWebフレームワークを変更できなくなったり、ビルドやテストに非常に時間がかかったり、サーバ環境で効率的にスケールさせることが難しくなったり等、様々な問題が発生しやすくなります。

こういった問題を解決するために考案されたのがマイクロサービスです。一つのWebアプリケーションを、複数の小さなアプリケーション（マイクロサービス）の集まりによって構成するという方式です。各マイクロサービスは疎結合になり、APIによって連携します。

この構成により、モノリシックで巨大なWebアプリケーションの抱えている問題のいくつかを解決できるため、最近のWeb業界ではマイクロサービス構成でWebサービスを開発する企業が増えてきています。

この構成を実現する場合、各マイクロサービスは大抵の場合前述したDockerを使って本番環境にデプロイされます。そしてこれらのマイクロサービスの連携を管理および運用する用途で最近注目されているのが「Kubernetes（クーベネティス）」というミドルウェアです。

マイクロサービス構成が必要な規模のWebサービスを公開している企業はそれほど多いわけではありませんが、Dockerと同様に、マイクロサービスとKubernetesもWeb系エンジニア（特にバックエンドエンジニアとインフラエンジニア）の必須知識になってきています。

サーバレス

インフラにクラウドを使う場合でも、大抵の場合はEC2等の「サーバ（仮想サーバ）」を管理する必要はありますが、この管理をクラウドベンダー側に完全に任せてしまい、さらにクライアントから呼び出された回数と処理の実行時間のみが課金対象となる「サーバレス・アーキテクチャ」がここ数年注目されています。

サーバレスと言っても実際にサーバが存在しないわけではなく、開発者がその管理を完全にクラウドベンダー側に委託できるアーキテクチャ、という意味です。

サーバを管理する工数を削減できること、および運用コスト面でメリットが大きいことから、AWSのLambda等のサーバレスのサービスを使用するWeb系自社開発企業は増えています。

AWSのLambda等のサーバレスのサービスをFaaS（ファース：Function as a Service）と言う場合もあります。

最近はアプリケーションだけでなく、データベースをサーバレスで運用することも可能になっています。

インフラのコード化

クラウドがWeb業界に定着した後も、サーバの構築等の作業は例えばAWSのWeb画面から手作業で設定値を入力して起動する作業が一般的でしたが、Terraform（テラフォーム）やCloudFormation（クラウドフォーメーション）といったツールの登場により、アプリケーションと同様にインフラをコードで管理（Infrastructure as Code）することが可能になりました。

これにより、インフラ構築に関する手順書の作成や更新作業が不要になり、設定の誤りが発見しやすくなり、さらに同様なインフラ環境をワンタッチで簡単に作成することができるようになりました。

CI/CDパイプライン

CIは「Continuous Integration（継続的インテグレーション）」、CDは「Continuous Delivery（継続的デリバリー）」の略です。

CIは、アプリケーション開発における「ビルド」と「テスト」を自動的かつ継続的におこなう仕組みのことです。CDは、CIによってビルド＆テストされたアプリケーションを開発環境や本番環境等に自動的かつ継続的にデプロイする仕組みのことです。

どちらも「コンパイル」「単体テスト」「統合テスト」「デプロイ」といった複数のステージがパイプライン的に繋がって実行されるため、「CI/CDパイプライン」と呼ばれています。

一般的にはGitHub等のソースコード管理用リポジトリにソースコードがプッシュされた際にCI/CDパイプラインが起動するように設定されることが多いです。

CIを導入すると、デプロイ前にアプリケーションが「ビルド可能」で「テストでエラーが発生していない」ことが自動的に確認可能になり、アプリケーションの安全性が向上します。

さらにCDによってデプロイが自動化されることで、デプロイの手順書管理やいわゆる「デプロイ職人」が不要になり、アプリケーションの改修を迅速に本番環境に反映することが可能になります。

機械学習(AI)/データサイエンス

Web業界においても、機械学習（AI）とデータサイエンスは非常に重要かつホットなトピックです。

バックエンドエンジニアやインフラエンジニアが機械学習モデルを自ら構築したり、あるいはビッグデータを自分で分析したりするようなケースは滅多にありませんが、Web業界で機械学習の機能を組み込んだサービス開発が広まっていることにより、Web系エンジニアが機械学習エンジニアと協業する機会は増えていますし、データサイエンティストが分析をおこなうための分析基盤の構築をWeb系エンジニアが担当するケースも増えています。

機械学習系のサービス開発において、第3章で紹介したDevOpsエンジニア的な役割を担当する「MLOps（エムエルオプス）エンジニア」という新たな職種も生まれてきています。

最近は「AutoML（オートエムエル）」という、既に学習済みで、ある程度の量のデータを投入すればそれなりの質の機械学習モデルを自動生成してくれるようなクラウドのサービスも注目されています。

AWSやGCP等のクラウド事業者も機械学習には非常に力を入れているので、今後も様々な機械学習系のサービスがクラウド上で提供されることになるでしょう。

SPA/SSR

従来のWebアプリケーションは、クライアント側のWebブラウザからリクエストがあるたびにサーバ側のWebアプリケーションがHTMLをまるごとレンダリングして返すという方式が一般的でしたが、最近のWeb業界では「最初に単一のページを読み込んだ後は、画面をリロードせずにJavaScriptがAPIを通じてサーバと通信してUIを動的に変更する」という方式の「SPA(Single Page Application)」というスタイルが主流になっています。

SPAの導入により「ページ遷移がスムーズになる」「従来よりもさらに高度なUXを提供できるようになる」「バックエンドとフロントエンドの開発を完全に分離できる」等のメリットがありますが、初回の表示が遅くなること、およびSEOやOGPに弱いというデメリットもあります。

こういったSPAのデメリットに対応するために、クライアント側でレンダリングする箇所をサーバ側で対応する「SSR(Server Side Rendering)」という技術や、それに対応しているWebフレームワークが用いられるケースも徐々に増えてきています。

クロスプラットフォーム開発

巻末の付録でも説明している通り、例えばiOSやAndroid等のいずれかのOS向けに開発されたアプリケーションは、そのOS以外のプラットフォームで動作することは基本的にできません。

しかし「クロスプラットフォーム開発ツール」を使用すると、一つのソースコードで複数のプラットフォームに対応するアプリケーションを開発することが可能になります。最近はFlutter（フラッター）やReact Native（リアクトネイティブ）といったクロスプラットフォーム開発ツールが人気です。

もちろん「それらのツールを使えばiOSとAndroidの両方に対応したアプリケーションを一つのコードで開発できるので生産性が2倍になる」というような単純なものではなく、一つのOSやデバイスに依存する機能を使う場合はそのプラットフォームの知識が必要になりますし、通常のネイティブアプリの開発と比較すると情報が少なかったり、様々な制約が発生したりというデメリットもありますが、機能要件と非機能要件が限定的なアプリケーションに関してはクロスプラットフォーム開発ツールが有効な場合も少なくありません。

モバイルアプリ用だけでなく、Windows用やMac用のクロスプラットフォームアプリケーションが開発できるElectron（エレクトロン）というフレームワークも有名です（VSCodeやSlackはElectronで作られています）。

mBaaS

本書でも既に何度か紹介していますが、mBaaS（エムバース：mobile Backend as a Service）とは主にモバイルアプリ開発に必要なバックエンドの機能をクラウド上で提供するサービスです。例えば認証、ログイン、データベース、ストレージ、プッシュ通知機能等を、バックエンドエンジニアやインフラエンジニアなしでも比較的容易にアプリに組み込むことが可能です。

Web業界ではFirebase（ファイヤーベース）という、Googleの提供しているmBaaSが人気があります。

mBaaSがあらゆる機能を提供してくれるわけではなく当然様々な制約もありますが、クロスプラットフォーム開発ツールと同様に、機能要件と非機能要件が限定的なアプリケーションの開発においては非常に有用です。

また、mBaaSという名称から「モバイルアプリ専用」という印象があるかもしれませんが、フロントエンドやバックエンドのアプリケーションで使用することも可能です。

Scrum

Scrum（スクラム）は、第1章で説明したアジャイル型開発スタイルの代表的な手法の一つです。

優先順位によって並べ替えられた機能要望（バックログ）に対して、「スプリント」と呼ばれる1週間から4週間の期間内で「設計→実装→テスト」までの一連の作業をおこない、全体の機能のうち一部分を期間内で完成させるという手順を繰り返すことによって、段階的にプロダクトを作り上げていく開発手法です。

スプリント期間中は毎日「デイリースクラム」という短時間のミーティングが（大抵の場合は午前中に）おこなわれます。またスプリント開始前には「スプリントプランニング」、スプリント終了時には「スプリントレビュー」と「スプリントレトロスペクティブ（振り返り）」といった各種ミーティングがおこなわれます。

段階的な開発であること、そしてコミュニケーションが重視される手法のためミーティングの数が非常に多いという特徴があります。

以前のWeb業界においては、チーム開発における手法は企業ごとにバラバラでしたが、最近は多くのWeb系自社開発企業でScrumが採用されており、チーム開発においては今後もしばらくはこのトレンドが続いていくことになるでしょう。

8-2 文化トレンド

心理的安全性の重視

かつては、優秀で会社の業績に貢献してさえいれば、多少わがままでも周団に対して有害な人材であっても許されて、周囲はそれを我慢しなければならないという悪習がIT業界に限らず日本社会全体に存在していましたが、時代の変化により「心理的安全性」を重視する企業が非常に増えてきました。

心理的安全性とは「**従業員やチームのメンバーが周囲への恐怖や不安を感じることなく安心して発言したり行動できる状態のこと**」です。

無知や無能だと思われる不安、周囲の邪魔をしていると思われる不安、ネガティブな人間だと思われる不安、こういった心理が充満している企業やチームにおいては、信頼関係が育まれず、先進的なアイデアは発信されず、建設的な議論はおこなわれず、集団としてのパフォーマンスを最大化できないことが広く認識されるようになってきました。

このため最近は、スキルや実績により他者をマウンティングするような人材、自分と異なる意見やアイデアを認めようとしない人材、他者のささいなミスを厳しく非難するような人材は、採用の時点でフィルタリングされてプロジェクトから排除されるようになってきています。

もちろん「馴れ合い」になってしまうと意味がありませんが、一人の突出して優秀な人材に依存するのではなく「**十分に優秀で友好的な人材がお互いに信頼関係を築きつつ率直な意見やアイデアを交換し合ってチームのパフォーマンスを最大化する**」という方向を、多くの企業が目指すようになっていると考えてよいでしょう。

もし読者の皆さんが「エンジニアは職人の世界だから腕がよければ性格が悪くても許されるはず」と考えているようであれば、その認識は早急に改める必要があるでしょう。一緒に働きたいと思ってもらえないような人間性の持ち主は、今後のWeb業界で長く生き残っていくことはできません。

キャリアパスやワークスタイルの多様化

以前は「技術一本で食っていく」あるいは「エンジニアとして経験を積んだ後にマネジメント職に移行する」というどちらかの考え方が日本のIT業界では一般的であり、「正社員信仰」も強かったですが、最近はキャリアパスやワークスタイルが非常に多種多様になってきています。

例えば正社員をやりながら副業で別の仕事を請けたり、フリーランスに転身して複数の案件を掛け持ちしたり、自分の会社を設立したり、エンジニアを卒業して別の職種にジョブチェンジしたり、地方にIターンやUターンしてフルリモートの仕事だけを請けたり、あるいは筆者のように本業を続けながらYouTuberやオンラインサロン主宰者になったりするエンジニアもいます。

キャリアに正解はありませんので、旧来のように技術だけを追求したりマネジメント職を目指したり正社員にこだわるのが間違いというわけではありませんが、色々な人達のキャリアパスやワークスタイルを参考にしながら、自分が最も楽しく働ける環境や可能性を追求しやすい時代になってきていると言えるでしょう。

女性エンジニアの増加と多様性の拡大

比率的にはまだまだ男性の方が圧倒的に多い状況ではありますが、女性のWeb系エンジニアもここ最近非常に増えてきています。女性エンジニアが中心になって運営しているエンジニアコミュニティも増加しています。

Web系エンジニアの仕事自体の面白さに加えて、第1章で紹介したようなこの職業の様々なメリット、さらには出産前後の育休のとりやすさ、復職のしやすさ、子育てしながらフルリモートで働けるといった、ライフイベントにおける柔軟な選択が可能なことも大きな魅力になっているようです。

また、女性エンジニアに限らず、旧来のエンジニアのイメージとは異なるタイプの人達もかなり増えてきています。

例えば一昔前は「**細身で色白でコンピュータばかりいじっていて家に引きこもっていてちょっと不健康そうでテレビゲームが趣味**」というのがステレオタイプなエンジニアのイメージだったと思いますが、最近のWeb系エンジニア界隈では筋力トレーニングやフィットネスが大流行していたり、髪型やファッションに気を配っている人も多いので、特に若手の人はとてもエンジニアには見えないような外見の人たちが増えていますし、趣味や休日の過ごし方も多様化しています。

Web系エンジニアへのジョブチェンジが非常に人気になり、様々なバックグラウンドを持つ人がこの業界に参入してきたことが大きな要因だと思いますが、かつては「技術オタク」つまり「ギーク」と呼ばれるタイプの人達が大半を占めていたWeb系エンジニア界隈も、今後はさらに多種多様な人材が集まり「人種のるつぼ」的な職業になっていくと筆者は予想しています。

8-3 今後の展望

DX案件の増加

DXは「デジタル・トランスフォーメーション」の略です。人によって様々な解釈がありますが、「**AIやクラウド等の多種多様な最新テクノロジーを活用して事業やビジネスモデルを変革して、企業が市場で競争優位性を獲得して生き残っていくための様々な取り組みのこと**」というのが筆者の定義です。

企業のIT化やテクノロジーの活用というのは以前からずっとおこなわれてきているわけですが、ここ数年でAIやクラウドやブロックチェーン等の新しい技術やサービスが次々に登場して飛躍的に進化しているのに対して、それらを活用して競争優位性を獲得できている企業はまだまだほんの一部です。

そのため、そういった最新技術を有効に活用するためのDXが近年非常に注目されていたわけですが、新型コロナウイルスの流行を主因とするワークスタイルやライフスタイルの大きな変化に対応するために、よくも悪くも多くの企業がビジネスをオンライン化＆デジタル化する必要性に迫られたことにより、あらゆる分野におけるDXが今後はさらにハイペースで進行していくことになるでしょう。

従来のSI（システムインテグレーション）との大きな違いは「最新技術を有効に活用することが前提」になっている点です。これはWeb系エンジニアの得意とする領域ですので、今まではSIerが担当していたようなシステム開発案件にもWeb系の最新技術の経験が豊富なエンジニアが求められるようになるでしょうし、SIerも新しいテクノロジーへのキャッチアップが急務ということになりますので、両者の垣根は徐々に低くなっていくのかもしれません。

海外案件の増加

現在、アメリカあるいは中国のエンジニアと、日本国内で働いているエンジニアの単価の格差は従来よりもさらに拡大しています。

以前は日本が、東南アジアの人件費の比較的安い国々に「オフショア」と呼ばれる方式で案件を外注していましたが、今後はアメリカや中国のオフショア先として、優秀で真面目で几帳面で安心感のある日本人エンジニアが活用されるケースが増えていくでしょう。

貴重な労働力が海外企業の下請けとして使われてしまうのは日本全体から考えるとあまり喜ばしいことではないかもしれませんが、残念ながら日本国内におけるエンジニアの単価が今後大幅に上がっていくことがあまり期待できない情勢である以上、優秀なエンジニアが海外案件に流れてしまうのは仕方ないことでしょう。

現時点ではまだ、海外とコネクションのある個々のエンジニアが単独で案件を受注しているという程度ですが、将来的には「海外案件のフリーランスエージェント」的な業務をおこなう企業や個人が徐々に増えていくと思われます。

さらなるキャリアパスの多様化

前述の通り、Web系エンジニアのキャリアパスは現時点でも十分に多様化していますが、今後その流れはさらに加速していくと思われます。

以前「今の子供たちの65%以上は現時点で存在していない職業に就くだろう」という予測が話題になりましたが、これはやや極端な予想だとしても、新型コロナウイルスの影響によるライフスタイルやワークスタイルの大きな変化、そしてAIやRPAや自動化等の影響により、今までとは比較にならないペースで職業の新陳代謝が活発になっていくことはほぼ確実な状況ですので、従来のような「生涯一企業」あるいは「生涯一職種」という考え方をする人は少数派になっていくでしょう。

資産運用と同様に、一つの企業や一つの職種にこだわるのは非常にリスクの高い選択になりますので、キャリアにおいても「分散投資」という考え方がどんどん広まっていくことになるでしょうし、それはWeb系エンジニアも例外ではありません。

例えば10年ほど前に存在していたFlashエンジニアという職種は現在はほぼ絶滅してしまいましたし、iOSエンジニアやAndroidエンジニアといった職種が10年後も存在しているという保証はなにもありません。

VUCA（ブーカ）という用語が最近トレンドになっていますが、Volatility（変動性）、Uncertainty（不確実性）、Complexity（複雑性）、Ambiguity（曖昧性）がいずれも非常に高い今の時代においては、世の中の変化に適応して柔軟に会社や職種を乗り替わり続けて自分自身をアップデートしていかないと、面白い仕事や高い報酬を獲得し続けることはどんどん難しくなっていくと考えておいた方がよいでしょう。

付録

ITの世界を知ろう

この付録では、本書の内容をさらに深く理解して頂く際に役に立つITの基礎知識や用語を簡単に説明します。必ずしも全てに目を通して頂く必要はありませんが、こちらで説明する知識がある程度頭に入っていると、本書の解説がさらに理解しやすくなると思います。

1 コンピュータの基礎知識

ソフトウェアとハードウェア

　コンピュータはソフトウェアとハードウェアによって構成されています。ソフトウェアは「命令」の集まりであり、ハードウェアは「様々な電子回路や電子機器」の集まりです。

　ユーザからの入力に応じて、ハードウェアがソフトウェアに記述されている命令を解釈して様々な処理をおこなうことにより、「動画や音楽を再生する」「メールを送信する」「プレゼンテーション用の資料を作成する」等の多種多様な機能が実現されています。

図｜ソフトウェアとハードウェア

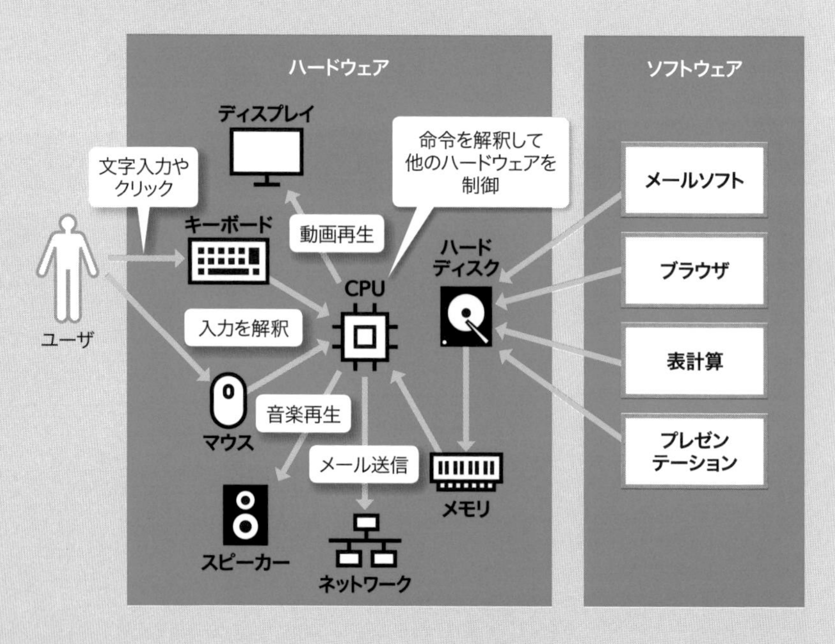

機械語とプログラミング言語

我々は通常「0」から「9」までの10個の数字を使って数を数えます。この方式を「10進法」または「10進数」と言います。

一方で、コンピュータは電気信号が「オフ」または「オン」の2種類の状態しか扱えないため、「オフ」を「0」、「オン」を「1」に割り当てた「2進数」の形式で命令やデータを表現しています。このように2進数で表現された命令の集まりを「機械語」と言います。

しかし、人間がこのような2進数の機械語を用いてコンピュータに直接命令を与えるのは大変です。このため、ほとんどのソフトウェアは、英語等の自然言語に近い「プログラミング言語」を用いて命令を記述し、それを「コンパイラ」や「インタプリタ」といった専用のソフトウェアを用いて機械語に翻訳するという方式で作られています。

図｜機械語とプログラミング言語

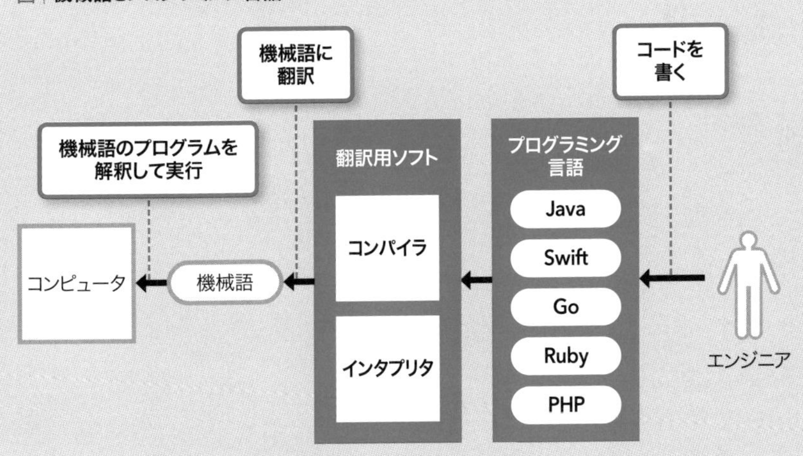

プログラミング言語、コンパイラ、インタプリタ等に関しては第4章で解説しています。

コンピュータの種類

WindowsやMac等のパソコンだけでなく、iPhoneやAndroid等のスマートフォンやiPad等のタブレットもコンピュータです。その他、自動車に搭載されているカーナビや最近人気のスマートスピーカー等もコンピュータの一種ですし、後述する「サーバ」のように、普段あまり目にすることのない場所で動作しているコンピュータもあります。

図｜コンピュータの種類

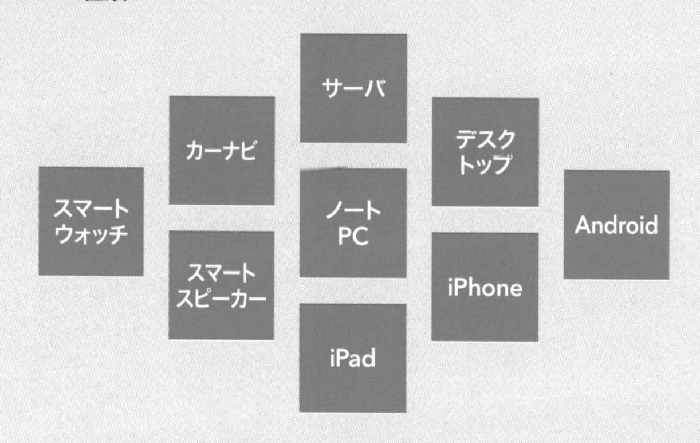

コンピュータの5大装置

コンピュータのハードウェアは「制御装置」「演算装置」「記憶装置」「入力装置」「出力装置」の「5大装置」によって構成されています。

◉制御装置/演算装置

制御装置は、ソフトウェアに記述されている命令に応じて、他の様々な装置を制御します。演算装置は、ソフトウェアに記述されている命令に応じて様々な計算処理をおこないます。この2つの役割を担っているのがCPU(中央処理装置)で、コンピュータのハードウェアの中で最も重要な装置です。

図｜コンピュータの5大装置

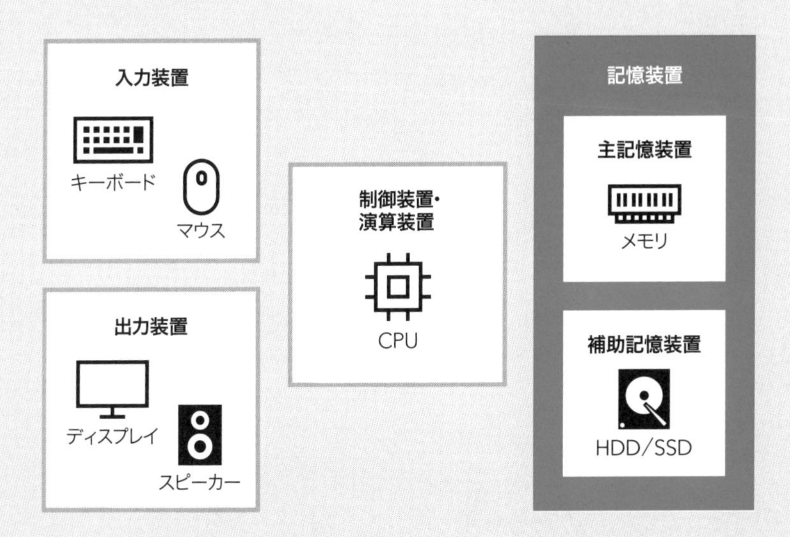

⦿主記憶装置

記憶装置は、ソフトウェアや様々なデータや計算結果等を保持しておくための装置です。記憶装置には「主記憶装置」と「補助記憶装置」があります。

主記憶装置は、CPUが直接読み書きする記憶装置のことです。一般的にはメモリ（メインメモリ）と呼ばれます。メモリはデータの読み書きは高速ですが高価なため、補助記憶装置と比較すると容量は小さくなります。また、コンピュータの電源を切るとデータは消去されます。

⦿補助記憶装置

補助記憶装置は、データを長期的に保持する目的で使用されます。HDD（ハードディスクドライブ）やSSD（ソリッドステートドライブ）、DVD-ROM等がこれに該当します。「ストレージ」と呼ばれることもあります。

読み書きは一般的に低速ですが比較的安価であり、コンピュータの電源を切ってもデータが消去されないため、大容量データの長期保持に向いています。

◉入力装置

入力装置は、コンピュータに対して情報やデータを入力したり、指示を与えるための装置です。パソコンの場合はキーボードやマウスやスキャナーやマイク、スマートフォンやタブレットの場合はタッチパネルがこれに該当します。

◉出力装置

出力装置は、コンピュータのデータや計算結果等を外部に出力するための装置です。ディスプレイやプリンタ、スピーカー等がこれに該当します。

2 OSとアプリケーションとミドルウェア

ハードウェアに「制御装置」や「記憶装置」などいくつか種類があるように、ソフトウェアも大きく分けると「OS」と「アプリケーション」と「ミドルウェア」の3種類が存在します。

図 OSとアプリケーションとミドルウェア

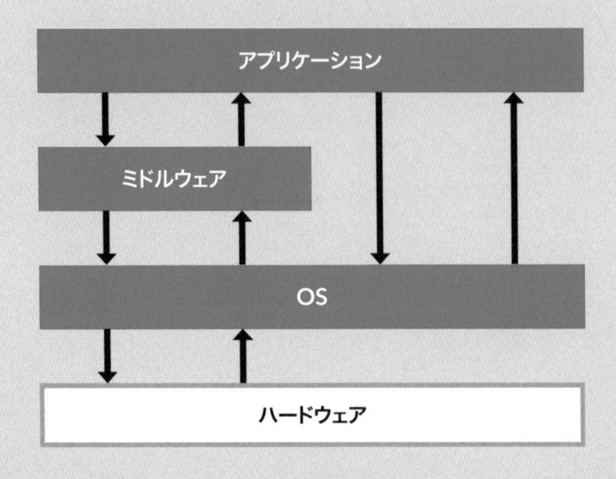

OS

OS（オペレーティング・システム）は、アプリケーションとハードウェアの仲介役です。ハードウェアの制御、およびハードウェアを抽象化してアプリケーションに対して統一的なインターフェイスを提供することが主な役割です。

インターフェイスとは要するに「規格」や「約束事」のような意味です。例えば「補助記憶装置にデータを書き込むためのインターフェイス」や「キーボードの入力を受け取るためのインターフェイス」など、様々なインターフェイスをOSが提供しています。

例えばハードウェアの仕様が大きく異なるA社のパソコンとB社のパソコンがあった場合、もしOSが存在しなければ、アプリケーションを作る会社はA社とB社の両方のハードウェアに対応できるようなプログラムを書かなければいけません。ハードウェアを提供する会社が増えれば組み合わせも増えていくのでこれに対応するのは大変な手間になります。

しかしA社とB社のパソコンで同じOSが使われていれば、ハードウェアの違いはOSが吸収してくれるため、アプリケーションはハードウェアの違いを意識する必要がありません。これがOSの大きなメリットです。

図｜OSの役割

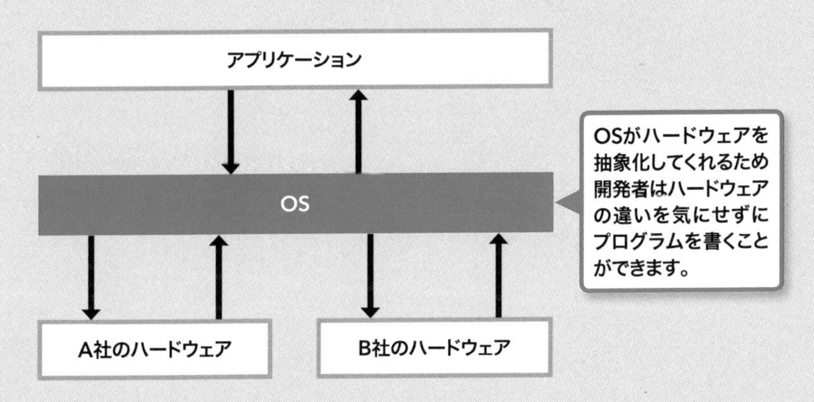

代表的なOSにはWindowsやmacOS、UNIXやLinux、AndroidやiOS等があります。

OSごとにアプリケーションに提供するインターフェイスが異なるため、あるOS専用に作られたアプリケーションは、基本的に他のOSでは動作できません。

ただしアプリケーションを開発する際に一定の決まり事を守れば、複数のOS上で動作するアプリケーションを開発することは可能です。こういった開発手法を「クロスプラットフォーム開発」や「マルチプラットフォーム開発」と言います。こちらに関しては第8章で紹介しています。

アプリケーション

表計算ソフトやWebブラウザのように、OSを利用して何らかの具体的な機能を提供するソフトウェアを「アプリケーション」あるいは「アプリケーションソフトウェア」と言います。

アプリケーションとは「応用」という意味です。これに対して、ハードウェアの制御機能等を提供するOS等のソフトウェアは「システムソフトウェア」という分類になります。

パソコンなどで使用されるGUIのあるアプリケーションは「デスクトップアプリケーション」または「ウインドウアプリケーション」、GUIの存在しないCUIだけのアプリケーションは「コンソールアプリケーション」、スマートフォンで使われるアプリケーションは「スマートフォンアプリケーション（スマホアプリ）」と言います。

GUIは「グラフィカル・ユーザ・インターフェイス」の略です。ウインドウやボタンやテキストボックス等のグラフィカルなユーザ・インターフェイスのことです。

CUIは「キャラクター・ユーザ・インターフェイス」の略です。CUIアプリケーションにはウインドウやボタンは存在しないため、文字入力による命令で操作することになります。

インターネット上で提供されるアプリケーションは「Webアプリケーション」または「Webサービス」と言います（ちなみにWeb業界において「アプリケーション」の省略語の「アプリ」という用語を単体で使う場合は、大抵はスマホアプリを指すことが多いです）。

図｜様々なアプリケーション

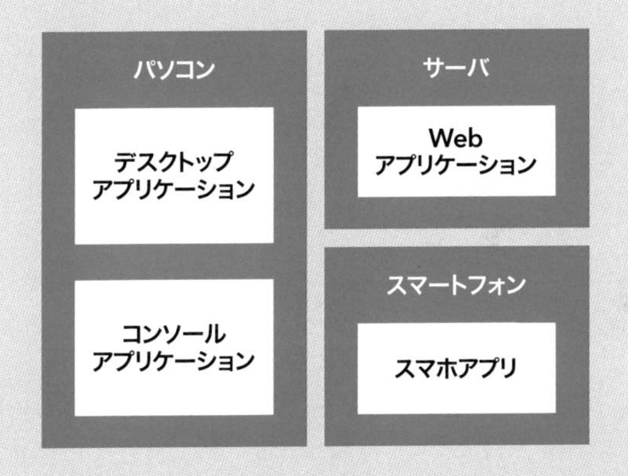

Web系エンジニアは、様々なプログラミング言語やツールを用いて、これらの様々なアプリケーション、特にWebサービスのフロントエンドとバックエンドのアプリケーションとスマホアプリを開発することが主な役割です。

Web系エンジニアの担当分野や職種に関しては第3章で、Web系エンジニアの使用するプログラミング言語や技術に関しては第4章で解説しています。

デスクトップアプリケーションやコンソールアプリケーションの開発をWeb系エンジニアが担当するケースはそれほど多くありません。

ミドルウェア

ミドルウェアはアプリケーションの一種ですが、他のアプリケーションに対して様々な機能を提供し、OSの機能を補完する役割を担っています。OSとアプリケーションの中間に位置するソフトウェアなので「ミドルウェア」と呼ばれています。

主なミドルウェアには「Webサーバ」や「データベース」があります。

パソコンにもミドルウェアは存在しますが、Web系エンジニアが扱うのは主にサーバ上のミドルウェアとなります。特にバックエンドエンジニアとインフラエンジニア（クラウドエンジニア）の場合は、Webサーバやデータベース等のミドルウェアに関する知識が必須となります。

3 ネットワークとサーバ

1つのコンピュータだけで実現できる機能はそれほど多くありません。ネットワークを介して別のコンピュータと通信することにより、「動画や音楽の視聴」「SNSでのメッセージのやりとり」「オンラインショッピング」等の様々な機能やサービスが実現されています。

この際に、パソコンやスマートフォンが情報やデータをやりとりするコンピュータを「サーバ」と言います。この節ではネットワークとサーバに関して説明します。

ネットワークが繋がる仕組み

ネットワークは様々な回線と装置によって構成されています。

回線には「有線」と「無線」の2種類があり、装置には「ルータ」や「ブリッジ」「スイッチ」など用途に応じて様々な種類が存在します。携帯電話用の「基地局」や「モバイルWiFiルータ」等もネットワークを構成する装置の一つです。

また、ネットワークの種類には大きく分けると「LAN（ラン）」と「WAN（ワン）」の2種類があります。LANは「ローカルエリアネットワーク」の略で、家庭内やオフィス内のネットワークのことです。WANは「ワイドエリアネットワーク」の略で、LANとLANを繋ぐ広域なネットワークのことです。インターネットもWANの一つです。

図｜ネットワークの種類と各種装置

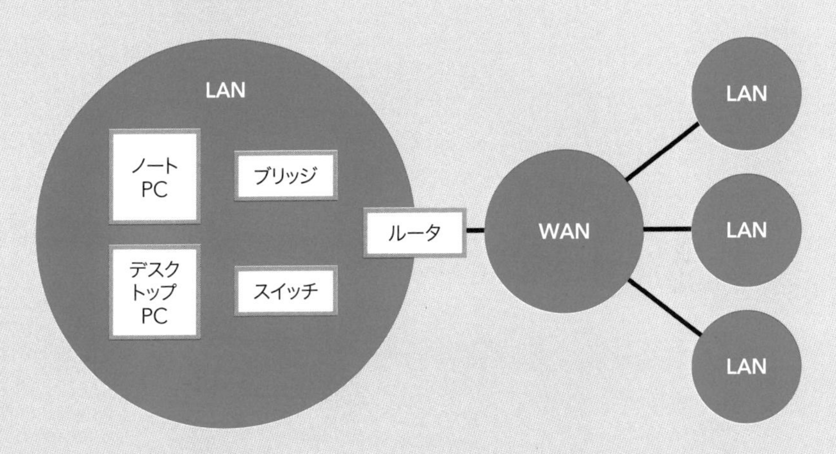

パソコンやスマートフォン等のコンピュータから送信される電気信号が無線や有線によって中継され、それを受信したルータやブリッジ等の様々な装置が何らかの処理をおこない、さらに別の装置に中継して最終的に宛先のコンピュータに届くというのが、ネットワークの基本的な仕組みになります。

プロトコル

OSがアプリケーションに対して「インターフェイス」と呼ばれる「約束事」を定めているように、パソコンやスマートフォンが回線や装置を介して通信をおこなう際にも様々な取り決めが必要になります。これを「プロトコル」または「ネットワークプロトコル」と言います。

例えばハガキを宛先の住所に確実に届けてもらうためには、「郵便番号を書く」「住所を書く」「宛先の氏名を書く」「料金分の切手を貼る」「ポストに投函する」等の様々な「約束事」を守る必要がありますが、ネットワークの世界でも同様な取り決めを守らないと通信をおこなえない、と考えておけばよいでしょう。

⦿TCP/IP

インターネットにおける事実上の標準的なプロトコルになっているのがTCP/IP（ティーシーピーアイピー）です。TCP/IPは一つのプロトコルではなく、HTTPやSMTPやTCPやIP等の複数のプロトコルの集まりです。

ネットワークプロトコルは一般的に階層構造になっていますが、TCP/IPの場合は4階層に分割されています。各階層ごとに用途に応じて複数のプロトコルが存在します。

図 **TCP/IPの階層構造**

階層	名称	主なプロトコルや技術
4層	**アプリケーション層**	HTTP、HTTPS、SMTP、POP3、SSHなど
3層	**トランスポート層**	TCP、UDP
2層	**インターネット層**	IP、ICMPなど
1層	**ネットワークインターフェイス層**	Ethernetなど

TCP/IPは「OSI基本参照モデル」と比較して学習することが一般的ですが本書では省略しています。興味のある方は巻末の参考資料等をご参照ください。

あるコンピュータのアプリケーションから送信されたデータは、階層を下るごとにその層を担当する別のソフトウェアによって情報（ヘッダ）が付加されていき、宛先のコンピュータに到達すると情報（ヘッダ）が階層を上がるごとに取り除かれて送信先のアプリケーションに届くというイメージを持っておけばよいでしょう。

図｜送信されたデータが宛先のアプリケーションに届くまで

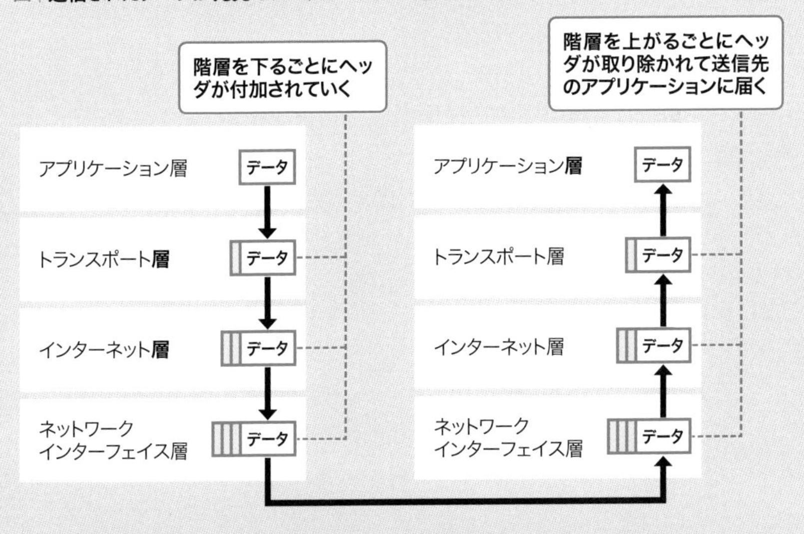

ルータやブリッジ等の装置は、付加されたヘッダを見て宛先を判断してデータを中継しています。

ネットワークプロトコルが複数の階層に分割されている理由は、前述したOSの役割と同様です。データをやりとりするためのインターフェイスさえ守っていれば、ある層を担当するソフトウェアやハードウェアを別のものに交換しても他の層には影響しないため、性能のよいソフトウェアやハードウェアを自由に選択することが可能になります。

郵便の配達において「ポストから郵便を回収する担当者」「郵便を仕分けする担当者」「郵便を担当地域の配送センターに配送する担当者」「郵便を宛先住所に配達する担当者」でそれぞれ担当や役割や約束事が分かれていることを

とほぼ同様なイメージで問題ありません。

プロトコルやTCP/IPの話はやや難易度が高いため、初学者の方は現時点ではしっかり理解する必要はありません。「こういう約束事があると便利なんだろうな」程度の認識で十分です。

サーバとクライアント

例えばパソコンで誰かのホームページを閲覧する場合、そのホームページ用のHTMLファイルや画像ファイル等はホームページ制作者の自宅パソコンに配置されているわけではなく、専用のコンピュータによってインターネット上で公開されています。

このような、何らかのデータやサービスをネットワーク上で提供しているコンピュータもしくはソフトウェアを「サーバ」と言います。そしてそのサービスを利用する側のコンピュータやソフトウェアを「クライアント」と言います。

サーバには「Webサーバ」「データベースサーバ」「メールサーバ」などの種類があり、そしてそれぞれに対応する「Webブラウザ」「データベースクライアント」「メールクライアント」等のクライアントが存在します。

図 サーバとクライアント

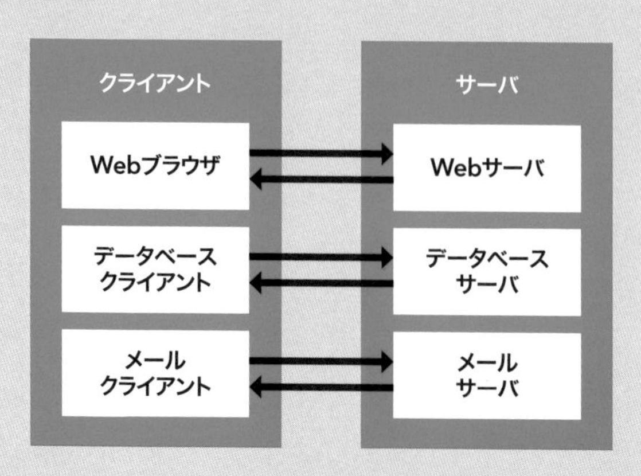

「サーバ」や「クライアント」という用語が「コンピュータそのもの」を指すか「コンピュータ上で動作しているアプリケーション」を指すかは文脈によって異なります。

インターネット

ここまでに紹介したネットワーク装置、クライアント用コンピュータとサーバ用コンピュータ、そしてTCP/IPというプロトコルを中心にして構成されている広大なネットワークが「インターネット」です。

インターネットの起源は、アメリカ国防総省の研究の一環として構築された「ARPANET（アーパネット）」という実験的なネットワークです。

当初はアメリカ国内のいくつかの大学を結ぶだけだったこの研究用のネットワークが大きく発展し、現在では世界中の無数のコンピュータとネットワークがインターネットに接続されています。

図｜インターネット

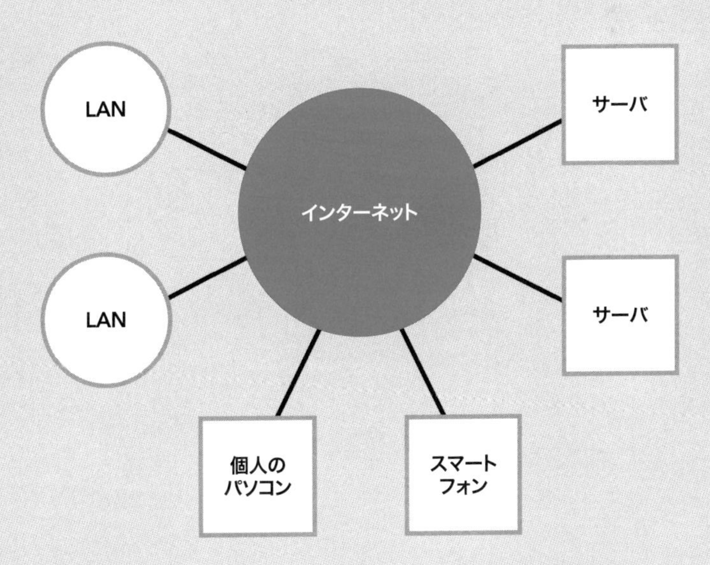

ワールドワイドウェブ

WWW（ワールドワイドウェブ）は、インターネット上に構築された、HTML（エイチティーエムエル）というハイパーテキスト形式のドキュメントを公開したり閲覧できるシステムのことです。単に「Web（ウェブ）」とも言います。

> ハイパーテキストとは「複数の文書を相互に関連付ける（リンクする）ための仕組み」のことで、Webは「蜘蛛の巣」という意味です。ドキュメント同士がリンクによって繋がる様子が蜘蛛の巣をイメージさせることからこの名前が付けられました。

Webの技術を使用して公開されているサーバ側のアプリケーションは「Webサイト」や「Webアプリケーション」や「Webサービス」と呼ばれます（「ホームページ」という用語は一般ユーザ向けの用語のため、エンジニア同士の会話ではあまり使われません）。

> 「Webサイト」「Webアプリケーション」「Webサービス」という用語の使い分けの基準はかなり曖昧ですが、「Webアプリケーション」や「Webサービス」の方が「より高度で多機能」というニュアンスがある、と覚えておけばよいでしょう。例えば簡単なHTMLファイル1つに単純なJavaScriptが記述されているだけの場合、それを「Webアプリケーション」と呼ぶことは滅多にありません。

Webアプリケーションと通信するためのクライアント側のソフトウェアが「Webブラウザ」、Webアプリケーションを動作させるためのサーバ側のソフトウェアが「Webサーバ」です。WebブラウザとWebサーバの通信にはTCP/IPプロトコルの中のHTTPまたはHTTPSプロトコルが使用されます。

当初のWebは文字情報を扱うだけのシンプルな機能が中心でしたが、広く普及したことにより、当初想定されていなかった「CSS」や「JavaScript」や「動画再生」への対応等、HTMLもHTTPプロトコルもWebブラウザもWebサーバも、世の中のニーズに合わせて仕様が大きく拡張されてきました（現在も「HTTP/2」という新しい拡張仕様への対応が進行中です）。

図 | WebブラウザとWebサーバ

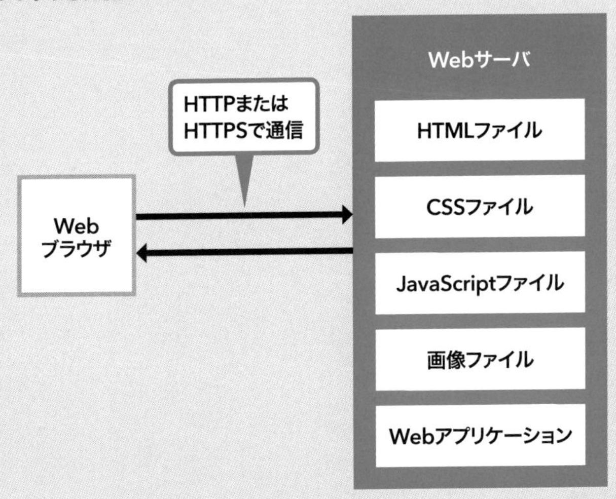

スマホアプリの開発においてはHTMLやWebブラウザは基本的に使用されませんが、サーバとの通信用プロトコルとしてはWebブラウザと同様にHTTPまたはHTTPSが使われています。

スマホアプリとの通信においては、サーバ側のアプリケーションはHTMLではなく「JSON（ジェイソン）」という形式の、クライアント側のアプリケーションで扱いやすい形式のデータを返す場合が多いです。こういった処理に特化しているサーバは「Webサーバ」ではなく「APIサーバ」と呼ぶことが一般的です。

あとがき

本書の中で、Web系エンジニアという職業の様々なメリットを紹介してきましたが、Web業界で必要とされているのはあくまでも「ハイスキルなWeb系エンジニア」です。

最近はSNS等で怪しい情報が氾濫しているため、「プログラミングを習得すれば誰でも月単価100万円を稼ぐことができる」「フリーランスエンジニアになればすぐにリモートワークができる」「プログラミングスクールに通えばWeb系エンジニアになれる」等の勘違いをしている方も多いと思いますが、1年や2年程度の経験で月単価100万円を安定して稼げるフリーランスエンジニアになることはほぼ不可能ですし、スクールの課題をこなす程度の労力でWeb系エンジニアにジョブチェンジすることもできません。

Web系エンジニアとしてしっかりとした軸足を確立して、この職業のメリットを享受するためには、ある程度の期間はスキルアップのために膨大な労力を集中的に投下することが必要になります。ジョブチェンジ後も半年〜1年程度は休日を全て勉強に費やすくらいの覚悟がないと、モダンなWeb系自社開発企業の現場のレベルにキャッチアップすることはできません。

「楽をしたい」「苦労をショートカットしたい」と考えることは悪いことではありませんし、むしろそれは「怠惰・短気・傲慢」が三大美徳とされるエンジニアという職業においては正しい考え方ですが、「期待値」と「コントロール性」の高い行動を知り、それを一つ一つ地道に積み上げていくことが結局は一番の近道です。

正しい努力を継続した先には、「最強のチート職種」であるWeb系エンジニアという職業の利点を存分に活用できる未来が待っています。その段階まで辿り着ければ、後は技術をさらに極めるもよし、高単価にこだわるもよし、自分で新しいビジネスを始めるもよし、別の職業と掛け算するもよし、ご自身の将来を自由に選べるようになっているでしょう。

本書を読んでWeb系エンジニアという職業に興味を持った方たちが、高度なITスキルを習得して社会に貢献するだけでなく、この職業で得られるスキルや経験を最大限に活用して、誰も想像できなかった新しいライフスタイルやワークスタイルを生み出し、世の中を驚かせてくれることを心から楽しみにしています。

最後に、筆者の大好きな言葉を紹介して、本書を締めくくりたいと思います。

"A bird sitting on a tree is never afraid of the branch breaking,
because her trust is not on the branch but on it's own wings."

木の枝にとまっている鳥は、枝が折れることを怖れたりはしない。
なぜなら鳥が信頼しているのは枝ではなく、自分自身の翼だからだ。

参考資料

コンピュータサイエンス基礎

『キタミ式イラストIT塾 ITパスポート 令和02年(情報処理技術者試験)』
きたみりゅうじ 著(技術評論社)

『キタミ式イラストIT塾 基本情報技術者 令和02年(情報処理技術者試験)』
きたみりゅうじ 著(技術評論社)

Linux

『Linux標準教科書』
宮原徹、川井義治、岡田賢治、佐久間伸夫、遠山洋平、田口貴久 著
(特定非営利活動法人エルピーアイジャパン)

『新しいLinuxの教科書』
三宅英明、大角祐介 著(SBクリエイティブ)

ネットワーク

『ネットワーク超入門講座 第4版』
三上信男 著(SBクリエイティブ)

『スラスラわかるネットワーク&TCP/IPのきほん 第2版』
リブロワークス 著(SBクリエイティブ)

データベース

『おうちで学べるデータベースのきほん』
ミック、木村明治 著(翔泳社)

AWS

『Amazon Web Services 基礎からのネットワーク&サーバー構築　改訂3版』
大澤文孝、玉川憲、片山暁雄、今井雄太 著(日経BP)

『Amazon Web Servicesのしくみと技術がこれ1冊でしっかりわかる教科書』
小笠原種高 著(技術評論社)

機械学習

『機械学習エンジニアになりたい人のための本 AIを天職にする』
石井大輔 著(翔泳社)

思考法

『入門「地頭力を鍛える」32のキーワードで学ぶ思考法』
細谷功 著(東洋経済新報社)

資産運用

『全面改訂 ほったらかし投資術 インデックス運用実践ガイド』
山崎元、水瀬ケンイチ 著(朝日新書)

⊙著者

勝又健太（かつまた・けんた）

雑食系エンジニア。早稲田大学政治経済学部出身。
本業での専門はクラウドアーキテクチャ設計、DevOps/MLOpsなど。
AWSとGCPの両主要クラウドプラットフォームの様々なマネージドサービスに精通しており、EC/メディア/ソーシャルゲーム/アドテク/AI/ブロックチェーンなど、広範な分野での豊富な開発経験と幅広いモダンなスキルセットを保持。
SIer/SES/Web系メガベンチャー等、多種多様な企業での勤務経験や、派遣社員/契約社員/正社員/フリーランス等の様々な就業形態における実体験を元に、Web系エンジニアを目指すプログラミング初学者や駆け出しエンジニア向けにキャリアハック情報やパラレルキャリア情報を日々発信している。
登録者5万名超えのYouTubeチャンネル「雑食系エンジニアTV」を運営するYouTuberでもあり、参加者2,000名超えのオンラインサロン「雑食系エンジニアサロン」の主宰者でもある。
Twitter：@poly_soft

21世紀最強の職業 Web系エンジニアになろう
AI/DX時代を生き抜くためのキャリアガイドブック

2020年11月15日　初版第１刷発行
2021年 4月25日　初版第４刷発行

著者　勝又健太
発行者　岩野裕一
発行所　株式会社実業之日本社
〒107-0062
東京都港区南青山 5-4-30
CoSTUME NATIONAL Aoyama Complex 2F
電話（編集）03-6809-0452
（販売）03-6809-0495
https://www.j-n.co.jp/
印刷・製本　大日本印刷株式会社
装丁・組版　株式会社デザインワークショップジン（高岩美智＋遠藤陽一）
校正　くすのき舎
編集　金山哲也（実業之日本社）

ISBN 978-4-408-33933-7（新企画）